图2-1 葡萄品种‘乍娜’

图2-2 葡萄品种‘矢富罗莎’

图2-3 葡萄品种‘红地球’

图2-4 葡萄品种‘绯红无核’

图2-5 葡萄品种‘圣诞玫瑰’

图2-6 葡萄钢架大棚避雨栽培设施

图2-7 葡萄联栋大棚避雨栽培设施

图2-8 葡萄简易拱棚避雨栽培设施

图2-9 葡萄品种‘夏黑’

图2-10 葡萄品种‘沈农金皇后’

图2-11 葡萄品种‘瑞都脆霞’

图2-12 葡萄品种‘香妃’

图2-13 葡萄品种‘金手指’

图2-14 葡萄品种‘红乳’

图2-15 T字形葡萄整形方式

图2-16 葡萄果实套袋技术

图3-1 简易日光温室促成栽培

图3-2 草莓塑料大棚促成栽培

图3-3 草莓塑料大棚半促成栽培

图3-4 草莓品种‘宁玉’

图3-5 草莓品种‘宁丰’

图3-6 草莓品种‘丰香’

图3-7 草莓品种‘红颊’

图3-8 草莓品种‘枥木少女’

图3-9 草莓品种‘幸香’

图3-10 草莓品种‘章姬’

图3-11 草莓品种‘紫金四季’

图3-12 南方草莓避雨育苗和遮光育苗

图3-13 草莓、水稻轮作克服连作障碍

图3-14 草莓促成栽培电照补光

图4-1 桃品种‘春美’设施栽培结果状

图4-2 设施栽培专用油桃品种
——中油桃9号

图4-5 桃设施栽培定植及管理

图4-6 设施栽培桃主干形（圆柱形）整形

图4-7 ‘中油桃4号’油桃设施栽培结果状

图4-8 设施栽培桃吊枝和铺反光膜

图5-1 中国樱桃品种‘黑珍珠’
（烟台农科院 孙庆田摄）

图5-2 大樱桃品种‘红灯’
（上海交通大学 张才喜摄）

图5-3 大樱桃品种‘美早’
（大连农科院网站）

图5-4 大樱桃品种‘佳红’
（大连农科院网站）

图5-5 大樱桃品种‘明珠’
（大连农科院网站）

图5-6 大樱桃品种‘先锋’
（上海交通大学 张才喜摄）

图5-7 大樱桃品种‘雷尼尔’
（大连农科院网站）

图5-8 大樱桃品种‘红艳’
（大连农科院网站）

图5-9 大樱桃品种‘萨米脱’
（上海交通大学 张才喜摄）

图5-10 大樱桃品种‘桑提娜’
（烟台农科院 孙庆田摄）

图5-11 大樱桃品种‘艳阳’
（烟台农科院 孙庆田摄）

图5-12 大樱桃品种‘布鲁克斯’
（烟台农科院 孙庆田摄）

本分册编写人员名单

主　　编　郭世荣　高志红

参编人员　（按姓氏笔画排序）

王志强　刘庆忠　孙其宝　张庆霞　赵密珍

倪照君　高志红　郭世荣

设施果树生产技术

SHESHI GUOSHU SHENGCHAN JISHU

郭世荣　高志红　主编

化学工业出版社
·北京·

图书在版编目（CIP）数据

设施果树生产技术/郭世荣，高志红主编．—北京：化学工业出版社，2013.1（2023.3 重印）
（设施园艺实用技术丛书）
ISBN 978-7-122-16127-7

Ⅰ．设…　Ⅱ．①郭…②高…　Ⅲ．果树园艺-设施农业　Ⅳ．S628

中国版本图书馆 CIP 数据核字（2012）第 304317 号

责任编辑：李　丽　　　　装帧设计：刘丽华
责任校对：顾淑云

出版发行：化学工业出版社（北京市东城区青年湖南街 13 号　邮政编码 100011）
印　　装：北京盛通数码印刷有限公司
850mm×1168mm　1/32　印张 7½　彩插 3　字数 167 千字
2023 年 3 月北京第 1 版第 2 次印刷

购书咨询：010-64518888　　　　售后服务：010-64518899
网　　址：http://www.cip.com.cn
凡购买本书，如有缺损质量问题，本社销售中心负责调换。

定　　价：29.00 元

前言

随着材料学的发展和人们对果实品质要求的提高，果树设施栽培日益成为农民增收、农业增效的主力军，在现代都市农业和休闲农业中更是发挥了不可替代的作用。果树设施栽培产业虽然发展较晚，但发展势头迅猛。设施栽培的目的也逐渐多样化，除了可以调节鲜果的市场供应期、改善果实品质外，还可以进行南果北移，使露地栽培不可能生产的树种和品种生产出高品质的果品。栽培方式北方主要以促成栽培为主，而南方主要以避雨栽培为主。

果树设施栽培的面积和树种正在逐年扩大，生产上虽然有很多成功的案例，但果树设施栽培的理论和技术并不是很成熟，甚至还存在很多的问题亟待解决，如设施建造问题、设施内环境因子的调控技术以及适于设施栽培的专用品种的培育等等。本书旨在总结现有的成熟的栽培技术，为果农进行设施栽培提供参考，避免盲目生产而达不到理想的目标。

用于设施栽培的果树树种较多，由于篇幅所限，本书只选择了葡萄、草莓、桃、大樱桃四个设施栽培面积比较大的树种。草莓是目前我国水果设施栽培面积最大的种类，能很好地填补果品淡季的需求。而葡萄近年来设施栽培发展迅速，尤其是避雨栽培，给葡萄栽培注入了新的活力，扩大了葡萄的栽培种类并提高了果实品质。桃和大樱桃是重要的应时鲜果，受到广大消费者的青睐。本书重点描述了适宜设施栽培的优良品种、栽培方式和环境调控因子，尤其介绍了果树设施栽培的经营和管理技术。

全书内容和章的编排由郭世荣进行，依据参编人员的专业和学术特长安排编写任务。按章次序分别为：第一章和第六章由南京农业大学的高志红和倪照君编写；第二章由安徽省农业科学院的孙其宝编写；第三章由江苏省农业科学院的赵密珍编写；第四章由郑州果树研究所的王志强编写；第五章由山东果树研究所的刘庆忠以及甘肃陇东学院的张庆霞编写。全书由郭世荣、高志红统稿完成。由于时间有限，不足之处在所难免，请读者谅解和提出宝贵意见。

编者

2012 年 9 月 18 日

目录

第一章 绪论

第一节 设施果树栽培的意义

设施果树栽培是利用温室、塑料大棚、遮阳网等设施，人为调控设施内的环境因子（温湿度、光照、CO_2 和土壤等）以适应果树生长发育的需求，达到调节采收期和提高果实品质的生产目的的栽培方式。通过设施果树栽培可以满足人们对果品的周年供应和品质的要求，具有显著的经济效益、生态效益和社会效益，在现代农业种植业中占有重要的地位。

一、满足市场需求

设施果树栽培的模式主要有促成栽培、延迟栽培和避雨栽培。其中促成栽培和避雨栽培是我国果树反季节栽培的主要模式。其中，促成栽培主要是为了满足早春果品市场的缺乏，保证了早春和初夏应时鲜果的供应，通过促成栽培，桃、杏、樱桃等果品可以提早 20～30 天上市，填补了市场空档期。

避雨栽培是近年来在我国南方高温多雨地区推广的果树

栽培方式，初期主要应用在欧亚种葡萄栽培中，使不能露地商品化生产的品种在避雨栽培的条件生产出优质的果品。后来逐渐推广到了其他树种，如李、梨、苹果和樱桃等。通过避雨栽培在南方高温多雨地区使果树优质丰产栽培成为可能，因此在满足市场需求的同时也取得了可观的经济效益。

二、社会效益大

设施果树栽培是高科技在果树生产中的应用体现，优良的品种和配套的栽培技术以及精确的温湿度调控给人们一种全新的果树生产理念，可以作为市民的科教基地和现代化农业生产的典范。

借助设施栽培，可以做到南果北移，如将热带和亚热带果树木瓜异地成功栽植到山东或大连等地，欧亚种葡萄也可以在我国高温多雨的南方地区生产出优质的果品。扩大了果树的种植范围，丰富了各地果树种植的种类。

都市园艺是休闲农业的重要组成之一，而都市农业中设施果树起了重要的作用。在设施环境下人们可以调控果树的生长和开花结果时期，体验高科技在果树生产中的应用。

三、经济效益高

设施果树栽培具有高投入、高技术和高产出的特点，是高效农业的重要组成部分。设施栽培条件下，充分利用果品的市场空档期和高档水果的生产，提升果品生产的商品价值和经济效益。人们对果品质量的要求和设施果树栽培的巨大利润，使设施果树在今后相当长的时期里，必将是高效农业的主力军。

第二节　设施果树栽培现状

一、果树设施类型

果树设施栽培的设施主要为日光温室、塑料大棚、避雨棚等，近年来由于生态条件的改善，虫害越来越引起人们的重视，防虫网的应用也越来越广泛。我国主要果树设施栽培的类型为日光温室和避雨棚。

1. 日光温室

日光温室是我国北方设施果树栽培的主要形式。日光温室最大的特点是利用太阳能和保温材料进行温度调节，一般不加温。由地基和基础、墙体和骨架、覆盖物组成，常为东西延长，前屋面朝南采光，北面是后墙，东西有山墙，白天阳面接受阳光热能，晚上采用草毡等保温。日光温室的后墙和山墙多为夯土或草泥砌成，就地取材，投资少，保温效果好，缺点是占地较多。目前也有砖和水泥砌成的，虽然美观，占地面积相对较小，但保温效果较差。我国日光温室的类型较多，适合于果树设施栽培的主要有长后坡矮后墙半拱圆形日光温室、断后坡高后墙半圆拱形日光温室、一斜一立式日光温室、半地下式日光温室、西北型节能日光温室以及双连跨（栋）日光温室等。

2. 塑料大棚

塑料大棚是利用竹木、钢管等做骨架材料，上面覆盖塑料薄膜建造而成。生产上可做成连栋塑料大棚，用于育苗或半促成栽培。主要有竹木结构大棚、钢架无柱大棚和装配式薄壁镀锌钢管大棚。目前应用较多的装配式镀锌钢管结构大棚是由专门工厂生产，适合于果树生产的新型大棚。这种大棚特点是操作空间较大，防腐能力强，寿命长、美观，但保温性能不及日光温室。根据大棚屋顶形状分为拱圆形和屋脊型两种，一般采用拱圆形的塑料大棚。塑料大棚中温湿度的调控很大程度上取决于塑料薄膜的种类和质量，常用的为聚乙烯（PE）和聚氯乙烯（PVC）棚膜，根据生产的需要加一定的辅料，生产出长寿膜和无滴膜等复合多功能棚膜。

3. 避雨棚

避雨栽培是以防止和减轻果树病害发生，提高果实品质和生产效益为主要目的一种栽培技术。在果树的生长季节用塑料大棚将树体遮盖起来，或在葡萄树冠顶部用简易的塑料棚架覆盖起来，使树体处于避雨状态，从而防止和减轻果树病害发生。避雨栽培首先是在葡萄上开始应用的，目前在我国南方高温多雨地区逐渐推广到李、樱桃、苹果、梨等其他树种。在这种避雨的条件下不但可以减轻病虫害的发生，减少打药的次数，减低农药残留，而且花期使用，还可以避免阴雨造成授粉不良而影响坐果。因此，避雨棚是我国南方地区普遍应用的提高栽培效率和提高果品商品价值的有效手段。避雨棚一般有三种类型，大棚避雨结构、连栋避雨结构和简易避雨拱棚结构，生产中，可根据需要和规模进行选择。

4. 遮阳网和防虫网

夏季光线过强可能对果树造成伤害，采用遮阳网可以防止果实日灼并有利于花芽分化，保证花果的正常发育。遮阳网是由高密度聚乙烯编织而成，是一种高强度耐老化的新型农用覆盖材料。目前在果树上应用比较广泛，尤其是光照较强的南方地区以及部分北方地区。遮阳网一般利用日光温室和塑料大棚的骨架结构，采用内遮阳和外遮阳两种形式。实验证明，黑色遮阳网降温效果好于银灰色遮阳网。除了遮阳，遮阳网还有降低暴风雨危害的作用。

近些年由于生态环境的改善，虫害成为果园的重要危害之一，为了避免水果被啄食和损伤，使用防虫网是最佳措施。防虫网可以在露地使用，可在园中立支柱，也可以配合避雨棚使用。

二、设施果树栽培概况

1. 生产概况

规模化的果树设施栽培已有100多年的历史。国际上设施果树栽培面积最大、技术最先进的是日本，其次是意大利、新西兰等国家，我国果树设施栽培开始于20世纪50年代，80年代开始规模化发展，到21世纪初，进入稳步发展阶段。虽然滞后于设施蔬菜的发展，但近年来发展迅速，基础研究和技术集成有很大进步。我国现有果树设施栽培面积8万公顷，位居世界第一位，山东、辽宁、河北、广西、上海、江苏、宁夏、甘肃、湖南等地较为集中。以辽宁为例，果树设施栽培面积为3万公顷，其中草莓占60%，桃和葡萄次之，樱桃、李和杏面积较小，已形成以丹东、沈阳、大连、营口、铁岭和锦州为中心的果树设施栽培商品生产基地。随着避雨栽培和延迟栽培技术的成熟和推广，江苏、浙江、广西、上海等南方地区果树设施栽培发展迅速。

2. 需冷量研究和应用

季节性休眠是指落叶果树在适宜的生长条件下顶端分生组织（SAM）也无明显生长发育、代谢缓慢的状态，是一种抵御不良环境的适应机制。季节性休眠是多年生木本植物在生态和进化上的一种权衡机制，也是植物界多样性生存策略的组成部分。研究认为果树季节性休眠主要受低温和光周期的诱导，分为自然休眠和被迫休眠两个阶段。落叶果树进入自然休眠后，需要一定的低温积累才能解除自然休眠，进行正常的开花结果。因此，在设施栽培扣棚加温之前，应先解除自然休眠，否则，即使环境条件适宜，果树也不能开花结果，或者萌芽不整齐，花芽分化不良，影响坐果率和果实的商品性。

果树自然休眠解除与所需求的低温时间，称为需冷量。需冷量一般有三种计算方法：低温模型、犹他模型和动态模型。最常用的是低温模型，即 0～7.2℃低温积累时数。不同果树树种的需冷量不同，同一树种不同品种的需冷量亦不同。梨的需冷量一般为 380～1040h，葡萄为 624～1296h，桃为 930～1230h，李为 790～1245h，猕猴桃为 625～888h。设施栽培时，必须先了解所栽植品种的需冷量，才能决定正确的扣棚时间。

3. 环境因子对设施栽培果树的影响

设施栽培不同于露地栽培的最大区别在于可以控制果树生长所需的环境条件。温湿度和二氧化碳的浓度等。

果树生长发育对温度有一定的要求，尤其是开花期和果实膨大期是温度敏感期。温度控制不好，容易造成落花落果和果实商品性下降，甚至减产，严重影响经济收入。调节温度的方法主要有加温、通风和遮阳等。当白天温度过高时，适当通风，或采用遮阳或者水帘等设施降温。当温度较低时，可采用覆盖保温材料、加热等方式加温。扣棚前 15 天左右覆盖地膜和灌水，可提高地温，促进根系活动，有利于萌芽的整齐性。

设施栽培设施内的湿度通常大于露地，易造成某些病害危害。湿度调节主要靠覆盖地膜、通风换气和控制灌水等。一般来说，开花坐果期湿度要求较低，在 50%～60%之间即可。

二氧化碳的浓度是影响光合效率的主要因素。由于设施内经常密封，因此，二氧化碳得不到及时的补充，使因光照不足而导致的果树光合能力进一步下降。适当地补充二氧化碳，可以提高光能利用率。

4. 果树种类

目前已有35个树种进行设施栽培，其中常绿树种23种，落叶树种12种。设施栽培取得成功的树种有草莓、葡萄、桃、杏、樱桃、李和柑橘等。树种之间发展不平衡，其中草莓面积最大，占果树设施栽培面积的85%左右，葡萄和桃次之。梨、苹果、猕猴桃、枇杷等也有少量栽培。

第三节　设施果树栽培存在的问题和发展趋势

一、设施果树栽培存在的问题

设施果树栽培蕴含着巨大经济效益和社会效益，但目前由于发展迅速，明显存在着科研滞后于生产，配套技术和管理水平落后等问题，影响了设施果树栽培的实际效益。

1. 技术问题

果树设施栽培技术还没有形成完善的技术体系，研究不够系统和深入，加上技术推广人员不到位等因素，导致生产者对栽培技术不能完全掌握，生产出来的果品不能达到预期的目标，还处于一味追求产量的阶段，对品质的要求不高，因此，商品质量不能达到优质果的要求。

设施栽培技术包括树体管理技术和综合管理技术。树体管理技术包括整形修剪、促进花芽分化、提高坐果率、花果管理等；综合管理技术包括土肥水管理、环境因子调控、二氧化碳补充技术和病虫害防治技术等。这些技术还不是很成熟，尤其是在应用上还有待进一步提高和完善。

2. 果树专用设施不完善

日光温室和塑料大棚多数是由于蔬菜连作障碍的影响改种葡萄和桃等果树的，存在高度低，空间较小的问题，如果管理不善，随之带来的是果树生长郁闭，通风透光差，影响果树的开花结果和果品质量。目前只有少数起点较高的果树专用设施能够满足果树设施栽培的需要。果树设施生产装备是设施生产中的薄弱环节，制约了设施果树产业的进一步发展。

3. 设施栽培专用品种缺乏

果树设施栽培主要是春提早和夏季的避雨栽培。对于春提早的促成栽培，一般采用早熟品种，这些品种多数是在露地栽培条件下培育出来的，在露地栽培时，产量较高，品质优良，但在促成栽培时，不具有耐弱光和耐湿的特点，往往造成病虫害严重，品质较差，降低了果品的商品性，影响经济效益。

二、发展趋势

设施果树栽培是一项高投入、高产出和高科技含量的产业，充分体现了园艺技术的综合性、复杂性和经济性，是园艺现代化和果品优质的要求的必然结果。在今后相当长的时期内将作为高效农业的主力军，对农业增效和农民增收起到重要的推动作用。国内外设施果树的发展呈现设施大型化、控制自动化、栽培标准化、和模式多样化的趋势。

1. 深入系统研究，完善栽培技术

设施果树栽培技术还不完善，存在果树发育关键时期温湿度调控不合理，适于设施栽培的修剪技术和土肥水管理技术还不成熟，造成坐果率低，大小年严重、裂果等现象，严重影响设施果树产业的可持续发展。应加强补光技术、二氧化碳施肥技术、生长调节剂滴灌技术、壁蜂授粉以及生物菌肥和土壤改良剂等应用。

2. 培育专用品种

培育适于设施果树栽培专用品种是果树设施栽培成功与否的重要因素。从育种的角度，努力培育需冷量低、耐弱光、质优、早熟，效益高的设施栽培专用品种，但实际生产中还是将露地栽培的优良早熟品种进行设施栽培。鉴于目前通常用的露地栽培的优良早熟品种，培育优良的适于设施栽培的专用品种和专用砧木是今后的一项长期的艰巨任务。

3. 加强设施果树生产信息化技术的研究与应用

设施果树的环境因子监控和调控技术很大程度上依赖于计算机技术的应用、研究和推广、果树设施栽培的精准化和数字化是今后发展的趋势。要构建面向设施果树研究、管理和生产决策的知识平台，为设施果树的高效栽培和科学管理提供信息化技术。

今后我们要进一步健全果树专业信息网络，完善信息交流平台，及时更新国内外设施果树品种、生产、管理和销售等信息。

第二章 设施葡萄生产技术

第一节 葡萄促成和延迟栽培

一、品种选择

1. 适于葡萄促成栽培的主要品种

(1) 无核早红　河北省农林科学院昌黎果树研究所选育。育种代号为8611。三倍体新品种。欧美杂交种。1986年杂交，亲本为郑州早红×巨峰，1998年4月通过品种审定。果穗圆锥形，平均穗重190g，果粒近圆形，粒重4.5g。经专用膨大素处理后，果穗平均重900～1900g，最大2500g；果粒极大，椭圆形，平均粒重10g，最大粒重达24g；果粒为紫红色。果粉及果皮中厚，果肉肥厚，肉质较脆；可溶性固形物含量15.5%，品质优。在昌黎地区4月中旬萌芽，5月下旬开花，7月下旬果实成熟。采用日光温室栽培，5月下旬即可成熟上市。该品种结果早，极丰产。抗病，耐盐碱，抗旱，适应性强。除露地栽植外，尤其适宜设施栽培，在华北、西北、东北等地均可发展。

(2) 京亚　中国科学院植物研究所植物园从黑奥林葡萄

实生苗中选出的早熟品种。欧美杂交种。1990年通过鉴定，为纪念第十一届亚运会在北京召开，命名为京亚。果穗圆锥形或圆柱形，有的带副穗，平均穗重370～420g，最大650g，果粒着生紧密或中等。果粒大而均匀，平均粒重11g，最大15g，短椭圆形，果皮紫黑色，中等厚，果肉较软，汁多，味甜，微有草薄香味。可溶性固形物含量15%～17%，含酸量0.65%～0.7%。品质中上等。树势较强或中等。在北京地区5月中旬开花，6月下或7月初着色，7月下至8月初果实充分成熟。京亚葡萄丰产性强。抗病性强。耐运输。京亚葡萄副梢生长不旺，适宜设施和露地栽培。

(3) 乍娜　别名绯红。欧亚种，原产美国加州，我国1975年从阿尔尼亚引入，果穗大，长圆锥形。最大穗重1500g，平均穗重850g。果粒着生中等紧密。果实粉红色或红紫色，近圆形。最大粒重达15g，平均粒重9.5g。果皮较厚，果肉肥厚较脆，清香味甜，有淡玫瑰香味。含可溶性固形物15%～17%，含酸量0.56%～0.67%，品质优良。植株生长较强，较丰产。抗病力强，但易感黑痘病。雨水过多，易裂果。不抗寒，耐运输。适宜棚架、篱架栽培，中、短梢修剪。乍娜在设施栽培条件下表现极佳。副梢留2～3叶摘心；绯红易裂果，必须实行设施栽培，在迅速膨大期，应减少灌水（图2-1）。

(4) 京秀　中国科学院植物研究所植物园育成。欧亚种。亲本为‘潘诺尼亚’和植物所杂种优系60-33（‘玫瑰香’×‘红无籽露’），2001年通过北京市农作物品种审定委员会审定。果穗较大，圆锥形，果穗平均质量513g，最大1100g。果粒着生紧密，椭圆形，果粒平均重7g，最大12g。穗粒整齐，玫瑰红或鲜紫红色，皮中等厚，肉厚硬脆，前期退酸快，酸低糖高，酸甜适口，可溶性固形物含量

图 2-1　葡萄品种‘乍娜’（见彩图）

15％～17.6％，可滴定酸含量 0.39％～0.47％，种子小，2～3粒，品质上等，是特早熟葡萄品种中品质最佳者之一。植株生长势中等或较强。在北京地区 4 月中旬萌芽，5 月下旬开花，6 月下旬开始着色，7 月底充分成熟，从萌芽到果实充分成熟 105～112 天。耐贮运，货架期长。早果性强，丰产。田间表现抗白腐病、霜霉病能力较强。棚、篱架栽培均可，长、中、短梢结合修剪。适于干旱、半干旱地区露地栽培，在设施栽培中效果更佳，目前已成为我国北方设施促成栽培的主要品种，5～6 月即可抢早上市。

（5）夏至红　由中国农业科学院郑州果树研究所育成。

别名中葡萄2号。欧亚种。绯红×玫瑰香杂交。2009年通过河南省林木品种审定委员会审定。果穗圆锥形，无副穗，果穗大，平均单穗重750g，最大可达1300g以上，果穗上果粒着生紧密，果穗大小整齐。果粒圆形，紫红色，着色一致，成熟一致。果粒大，平均单粒重8.5g，最大可达15g，果粒整齐，皮中等厚，果粉多，肉脆，硬度中，无肉囊，果汁绿色，汁液中等，果实充分成熟为紫红色到紫黑色，果肉绿色，果皮无涩味，果梗短，抗拉力强，不脱粒，不裂果。风味清甜可口，具轻微玫瑰香味，品质极上。该品种可溶性固形物含量为16.0%～17.4%，总糖14.50%，总酸为0.25%～0.28%。具有早果丰产特性，植株生长发育快，枝条成熟早。果实发育期为50天，是极早熟品种。设施栽培中，生长势中庸偏强，连续丰产性能优良。

(6) 红标无核　河北省农林科学院昌黎果树研究所选育。欧美杂交种。无核三倍体葡萄新品种。亲本为郑州早红×巨峰，1992年初选，2003年通过河北省品种审定。果穗圆锥形，重200～300g，单粒重4g，经专用膨大素处理后，果粒短椭圆形，粒重10～12g，最大15g。果皮紫黑色，果粉中厚，果肉肥厚较脆，味甜，可溶性固形物含量16%，品质优良。在昌黎地区4月中旬萌芽，5月下旬开花，7月初开始着色，7月下旬成熟，生长势较强，结实力强，每结果枝果穗数多为2个，采用日光温室栽培，5月下旬即可成熟上市。抗病性强，对白腐病、霜霉病、黑痘病的抗性与巨峰相似，适应性强，抗旱，耐盐碱。适宜篱架和小棚架栽培，极丰产，应及时摘心，控制负载量，在盛花末及花后10天应采用专用膨大素处理2次，以促进果粒膨大，提高坐果率。该品种极早熟、粒大、色艳、品质佳、无核，除适宜露地栽培外，尤其适宜设施栽培，在华北、西北、西南、东北等地均可发展。

（7）矢富罗莎　别名罗莎、粉红亚都蜜、亚都蜜。欧亚种。原产地日本，由东京都町田市矢富良宗育成。1994年山东省农业科学院从日本引入我国。果穗分枝圆锥形，大，平均穗重800g，最大穗重1000g。果粒着生疏松。果粒椭圆形，鲜紫红色，大，平均单粒重为7.6g，最大粒重10g以上。果粉中等厚，果肉硬、脆，汁液中等，味甜。每果粒含种子2～4粒，多为3～4粒，种子与果肉易分离。可溶性固形物含量为16.5%，可滴定酸含量为0.5%～0.6%。鲜食品质上等。植株生长势中等偏强。在河南郑州地区，3月28日～4月2日萌芽，5月18日～22日开花，7月10日～15日浆果成熟。从萌芽到果实成熟需105～115天。浆果早熟。抗葡萄霜霉病、黑痘病、白腐病的能力中等偏强，不裂果。此品种为早熟鲜食品种。品质佳，抗病性中等偏强。棚、篱架栽培均可，以中、短梢修剪为主。可用于设施栽培（图2-2）。

（8）无核白鸡心　别名森田尼无核、世纪无核。欧亚种。原产美国。由美国加州大学育成。亲本为Gold×Q25～6。1981年在美国正式发表。1983年，原沈阳农业大学园艺系（现沈阳农业大学园艺学院）从美国引入我国。1994年10月，通过辽宁省农作物品种审定委员会审（认）定。平均穗重620g，最大穗重1700g，果穗大小较整齐，果粒着生中等紧密。果粒略呈鸡心形，黄绿色或金黄色。中等大，平均粒重5.0g，最大粒重9～10g。果粉薄，果皮薄而韧，与果肉较难分离，果肉硬脆。汁较多，味甜，略有玫瑰香味。无种子。可溶性固形物含量为15%～16%，可滴定酸含量为0.55%～0.65%。鲜食品质极上。在沈阳地区5月初萌芽，6月上旬开花，8月中、下旬浆果成熟。从萌芽到浆果

图 2-2　葡萄品种‘矢富罗莎’（见彩图）

成熟所需天数为 110～115 天。浆果早中熟。抗逆性中等。抗霜霉病和白腐病力较弱。生长势强，应注意保持树势中庸以保证花芽的数量、质量和稳产性。设施栽培表现较好。适合东北南部和全国大多数地区种植。宜小棚架或篱架栽培，以短梢修剪为主。

（9）碧香无核　吉林农业科技学院选育。欧亚种。1994 年吉林农业科技学院以‘1851’×‘莎巴珍珠’获得无核杂交后代。早熟、无核、综合性状优良的葡萄新品种。2004 年 1 月通过吉林省农作物品种审定委员会审定，定名为‘碧香无核’。穗形整齐，果穗圆锥形带歧肩，平均单穗重

600g。果粒圆形，黄绿色，平均单粒重4g；果穗长不落粒，不裂果，货架期长。果皮较薄、脆、香且具弹性，与果肉不分离；自然无核；具浓郁的玫瑰香味；肉脆，无肉囊，可切片，口感好；可溶性固形物含量22%～28%；含酸量低，果实转色即可食用。早熟性好，开花至成熟需45～50天。在吉林地区5月中旬萌芽，6月上旬开花，8月上旬成熟。耐热性强，抗寒、抗旱、抗病能力强。适合吉林、辽宁、黑龙江南部的大多数地区，也可用于干旱、少雨阳光充足的地区露地和设施早熟栽培

(10) 光辉　沈阳市林业果树科学研究所、沈阳长青葡萄科技有限公司选育。欧美杂交种。2003年以香悦作母本、京亚作父本杂交育成的葡萄四倍体新品种。2010年9月通过辽宁省农作物品种审定委员会审定。果穗圆锥形，有歧肩。果穗大小整齐，平均穗重560.0g，最大穗重820.0g；果粒着生中等紧密。果粒近圆形，大小整齐，平均单粒重10.2g，最大单粒重15.0g。果皮紫黑色，果粉厚。果皮较厚，浆果含种子1～3粒，一般为1～2粒。果肉较软，有草莓香味，风味酸甜，品质上等。可溶性固形物含量为16.0%；总糖含量为14.1%；可滴定酸含量为0.5%。生长势强，结果早，易实现早期丰产。在辽宁省沈阳市，4月下旬萌芽，6月初开花，光辉7月下旬果实开始着色，8月底果实充分成熟，发育期122天左右，属早熟品种。为适于设施栽培的葡萄新品种。

(11) 紫珍香　辽宁省农业科学院园艺研究所选育。欧美杂交种。以玫瑰香芽变（7601）为母本，紫香水芽变（8001）为父本进行有性杂交育成的早熟、优质、大粒葡萄新品种。1991年由辽宁省农作物品种审定委员会通过审定。果穗圆锥形，较大，平均穗重544g，最大穗重为573g。穗

形整齐一致，果粒着生中等紧密。果粒平均重10g，最大粒重为17g。果粒长卵圆形，整齐一致，黑紫色，略具蓝色，果粉多，果皮与果肉易分离。果肉软，果肉与种子易分离。果汁多，无色，具较浓的玫瑰香味，酸甜适口，可溶性固形物含量14.5%～16.0%，品质上等。每果粒含种子1～4个，以3个为多。在沈阳地区，该品种5月初萌芽，6月上旬始花，6月中旬开始浆果生长，7月末开始着色，8月20日浆果成熟。从萌芽至果实成熟需要110天左右，该品种还表现丰产，抗病性强，枝条成熟度好，适应性广，容易栽培，适宜设施和露地栽植。

(12) 京早晶　中国科学院植物研究所植物园育成。欧亚种。亲本为‘葡萄园皇后’和‘无核白’，1960年杂交。2001年8月通过北京市农作物品种审定委员会审定。果穗圆锥形，平均质量427.6g，最大1250g。果粒着生中等紧密，椭圆或卵圆形，绿黄色，果粒平均质量2.5～3g，最大5g。穗粒整齐美观，皮薄肉脆，酸甜适口，可溶性固形物16.4%～20.3%，可滴定酸含量0.47%～0.62%，无核，品质上等。植株生长势强。在北京地区4月中旬萌芽，5月下旬开花，7月下旬浆果充分成熟，从萌芽到果实充分成熟的生长日数为91～111天，此间有效积温为2418.6℃。早果性强，产量中等。抗寒、抗旱力较强，抗霜霉病、白腐病等能力中等。适于干旱、半干旱地区露地种植，也可作设施栽培。应用赤霉素处理可使果粒增大。因果刷较短，宜适时采收。

(13) 90-1　洛阳农业高等专科学校选育。极早熟新品种。欧亚种。1990年从早熟葡萄品种‘乍娜’的芽变中选育出的极早熟新品种。2001年6月通过河南省科技厅组织的专家技术鉴定。果穗圆锥形，平均质量500g，最大可达

1100g。果粒着生中密，未成熟果具3～4道纵向浅沟纹，近圆形，平均重8～9g，最大可达15g。果皮红色，充分成熟时红紫色。果皮中厚，有清淡香味，可溶性固形物含量13%～14%，有机酸含量0.18%。每果粒含种子2～4粒，种子与果肉、果皮与果肉易分离。树势较强，萌芽率高，丰产性好，抗性中等，果实发育期仅35天，属极早熟品种。我国大部分地区均可利用设施栽培。

(14) 沪培1号　上海市农业科学院林木果树研究所选育。属于巨峰系欧美杂种。以二倍体无核品种喜乐为母本与四倍体品种巨峰杂交，经胚离体挽救培养育成。属三倍体。果穗圆锥形，平均穗质量400g左右。果粒着生中等紧密。果粒椭圆形，平均粒质量5.0g，最大粒重6.8g。果皮中厚，果粉中等多，淡绿色或绿白色。果肉中等硬，肉质致密，可溶性固形物15%～18%，风味浓郁，品质优。无核，不脱粒、不裂果，果穗和果粒大小整齐。在上海地区3月上中旬开始萌芽，5月中旬初花，8月上旬果实充分成熟，落叶期为11月中旬。自萌芽到浆果成熟期为125～130天。抗病性较强。南方地区可以用作露地栽培，更宜于设施促成栽培，在促成栽培条件下果粒明显比露地栽培大。

2. 适于葡萄延迟栽培的主要品种

(1) 红地球　又名晚红、红提。属欧亚种。美国品种。果穗紧凑，平均穗重850g，最大可达1500g，成熟果实鲜红色，果粒大，一般13～15g左右，最大20g，不裂果、不脱粒。果肉硬而脆，味甜爽口，含糖量20%左右，品质好。高产、晚期，萌芽到果实充分成熟需要170天。植株生长旺盛，极丰产。极耐贮运。适宜棚架栽培，短、中梢修剪。抗病性弱，易感黑痘病、白腐病、炭疽病、霜霉病、白粉病、日灼病。种植该品种需要有较高的栽培管理技术和病害防治技术，否则不易获得优质果实。北京地区 9 月下旬成熟，是优良的晚熟鲜食品种。宜在干旱或半干旱地区发展。南方地区适宜避雨栽培（图 2-3）。

图 2-3　葡萄品种‘红地球’（见彩图）

（2）红宝石无核　别名大粒红无核。欧亚种。美国加利福尼亚州采用皇帝与 Pirovan075 杂交培育的晚熟无核品种，1987 年引入我国。果穗大，一般重 850g，最大穗 1500g，圆锥形，有歧肩，穗形紧凑。果粒较大，卵圆形，平均粒重 4.2g，果粒大小整齐一致。果皮亮红紫色，果皮薄，果肉脆，可溶性固形物含量 17%，含酸量 0.6%，无核，味甜爽口。该品种生长势强，萌芽率高。果穗大多着生在第 4～5 节上。抗病性较弱。适应性较强，对土质、肥水要求不严。果实耐贮运性中等。华北地区 4 月中下旬果实成熟，从萌芽到成熟需150天左右。生长旺盛，宜采用棚架或Y形篱架整形，中、短梢修剪。红宝石无核抗病性稍差，成熟较晚，尤其易感黑痘病和霜霉病，生产上要注意及早防治。其果穗穗梗及果柄稍脆，采收时应细致小心。

(3) 绯红无核　又名克瑞森无核。欧亚种。原产美国。美国于1989年开始推广，1999年引入我国。绯红无核（代号C 102-26）由美国农业部加州福尼亚弗瑞斯诺园艺场培育成功，是一个红色、晚熟鲜食无核品种。果穗中等大，一圆锥形，平均稳重500g，果粒着生中等紧密或紧密，果粒椭圆形，玫瑰红色，着色一致，成熟一致，平均果粒重4.0g，可溶性固形物含量为18.8%，肉质脆，果肉淡黄色，半透明，果皮薄，果皮与果肉难分离。一般果粒中有两个败育的种子。不易裂果。生长势强，嫩梢棕红色。该品种生长势旺盛，不宜过密栽培（图2-4）。

图2-4　葡萄品种‘绯红无核’（见彩图）

(4) 温克　别名魏可。欧亚种。原产地日本。日本山梨县志村富男育成。1999年从日本引入我国。果穗圆锥形，果穗大，平均穗重450g，最大穗重1350g。果粒着生松，卵形，紫红色至紫黑色，成熟一致。果粒大，平均粒重10.5g，最大粒重13.4g。果皮厚度中等，韧性大，无涩味，果粉厚，果肉脆，无肉囊，汁多，极甜。每果含种籽1～3粒，可溶性固形物含量20%以上。生长势极强，隐芽萌发力强。隐芽萌发的新梢结实力强。在江苏省张家港地区，4月1～11日萌芽，5月15～25日开花，9月15～25日浆果成熟。从萌芽至浆果成熟约162～177天。该品种为极晚熟品种，树势强，糖度高，肉质硬，极耐贮运，特丰产，结果后着色较好，稍有裂果，抗病力强，容易栽培，但叶片偏大，易造成下部叶片荫蔽。果实成熟后贮藏期长，可留树保存到11月份，适于延迟栽培。年降雨量在800mm以上地区，宜采用大棚避雨栽培。

(5) 红罗莎里奥　别名红玫瑰。欧亚种，原产地日本。由日本植原葡萄研究所育成。亲本为Rosario Biabco×Ruby Okuyama。1984年杂交。1999年，张家港市神园葡萄科技有限公司从日本引入我国，同期南京农业大学园艺学院也有引入。果穗圆锥形，平均穗重515g，最大穗重860g。果穗大小整齐，果粒着生紧密。果粒椭圆形，淡红色或鲜红色，平均粒重7.5g，最大粒重11g。果粉厚。果皮薄而韧，半透明。果肉脆，无肉囊，汁多，绿黄色。味甜，稍有玫瑰香味。每果粒含种子2～3粒，多为2粒。种子与果肉易分离。可溶性固形物含量为20%～21%。鲜食品质极上等。在江苏张家港地区4月4～14日萌芽，5月20～30日开花，8月25日～9月5日浆果成熟。从萌芽至浆果成熟需138～154天。晚熟。抗病力强。贮藏、运输性良好。

(6) 红高　欧亚种，原产地日本。为意大利品种的红色芽变。1988 年，由居住在巴西的日本人发现。1998 年，南京农业大学园艺学院从日本引入我国。果穗多为圆锥形，带副穗，平均穗重 625g，最大穗重 1030g。果穗大小整齐，果粒着生紧密。果粒短椭圆形，浓紫红色，平均粒重 9g，最大粒重 15g。果粉中等厚。果皮厚，无涩味。果肉脆，近种子处稍软，无肉囊，汁多。黄绿色，味甜，有浓玫瑰香味。每果粒含种子 1～3 粒，多为 2 粒。种子与果肉易分离，无小青粒。可溶性固形物含量为 18%～19%。鲜食品质上等。植株生长势中等。隐芽萌发力强。在江苏张家港地区，4 月 1～9 日萌芽，5 月 15～25 日开花，8 月 30 日～9 月 10 日浆果成熟。抗病。此品种为晚熟鲜食品种。适合全国各葡萄产区栽培。在潮湿多雨的南方，宜避雨栽培。

(7) 圣诞玫瑰　别名秋红。欧亚种。原产地美国。美国加州大学育成。1981 年在美国正式发表。1987 年，原沈阳农业大学园艺系（现沈阳农业大学园艺学院）从美国引入我国。1995 年 10 月通过辽宁省农作物品种审定委员会审（认）定。果穗长圆锥形，平均穗重 882g，最大穗重 3200g。果穗大小较整齐，果粒着生较紧密。果粒长椭圆形，深紫红色，平均粒重 7.3g，最大粒重 10g。果粉薄。果皮中等厚而韧，与果肉较易分离。果肉细腻，硬脆，可切片。汁中等多，风味浓，味酸甜，稍有玫瑰香味。果刷大、长。每果粒含种子 2～4 粒，多为 2～3 粒。总糖含量为 15%～16%，可滴定酸含量为 0.5%～0.6%。鲜食品质上等。在辽宁沈阳地区，5 月上旬萌芽，6 月上旬开花，10 月上旬浆果成熟。从萌芽至浆果成熟需 150～155 天，此期间活动积温为 3500～3600℃。极晚熟。抗霜霉病和白腐病力较强，抗黑痘病力弱。此品种为晚熟鲜食品种。穗大。粒大，优质，极丰产，极耐贮运。是一个优良鲜食葡萄品种。应控负载，以免影响品质。注意防治黑痘病等病害。适合在辽宁南部和西部，以及华北、西北、西南等地无霜期155天以上的地区发展（图2-5）。

图2-5 葡萄品种‘圣诞玫瑰’(见彩图)

二、环境调控技术

1. 光照

(1) 改造设施结构，提高透光率　建造方位适宜、采光结构合理的设施，同时尽量减少遮光骨架材料并采用透光性能好、透光率衰减速度慢的透明覆盖材料并经常清扫。

(2) 通过环境调控延长光照时间　增加光照强度，改善光质正确揭盖草苫和保温被等保温覆盖材料并使用卷帘机等机械设备以尽量延迟光照时间；采用后墙涂白、于果实着色期挂铺反光膜，以增加散射光；利用补光灯进行人工补光以增加光照强度；安装紫外线灯以补充紫外线，采用转光膜改善光质等措施改善设施内的光照条件。

（3）通过栽培技术改善光照　采用适宜架式和合理密植在葡萄设施栽培中架式以单篱架和小棚架为宜，其中单篱架适宜的栽植密度为行距1.5～2.0m，株距0.7～1.0m；小棚架适宜的栽植密度为行距4.0～6.0m，株距0.7～1.0m。

（4）采用高光效树形和叶幕形　葡萄设施栽培中，适宜的高光效树形为单层水平形和单层水平龙干形。高光效叶幕形分别为短小直立叶幕、水平叶幕、L形叶幕、V形叶幕和"V+1"形叶幕。

2. 温度

（1）气温调控

① 调控标准

催芽期：第一周白天15～20℃，夜间5～10℃；第二周白天15～20℃，夜间7～10℃；第三周至萌芽白天20～5℃，夜间10～15℃。从升温至萌芽一般控制在25～30天左右。

新梢生长期：白天20～25℃；夜间10～15℃，不低于10℃。从萌芽到开花一般需40～50天左右。

花期：白天22～26℃；夜间15～20℃，不低于14℃。花期一般维持7～15天。

浆果发育期：白天25～28℃；夜间20～22℃，不宜低于20℃。

着色成熟期：白天28～32℃；夜间14～16℃，不低于14℃；昼夜温差10℃以上。

② 保温技术措施

优化棚室结构，强化棚室保温设计；选用保温性能良好的保温覆盖材料，多层覆盖；挖防寒沟，在棚室周围挖宽30～50cm，深度大于当地冻土层30cm的防寒沟，在防寒沟内铺垫塑料薄膜，然后填装杂草和秸秆等保温材料，防止温室内土壤热量传导到温室外；人工加温；正确揭盖草苫、保温被等保温覆盖物。

③ 降温技术措施

通风降温。注意通风降温顺序先放顶风，再放底风，最后打开北墙通风窗进行降温；喷水降温，注意喷水降温必须结合通风降温，防止空气湿度过大；遮阳降温，此方法只能在催芽期使用。

（2）土温调控

① 起垄栽培：葡萄栽植前，按适宜行向和株行距挖沟，一般沟宽80～100cm，深60～80cm，先回填20～30cm厚的砖瓦碎块，再回填30～40cm厚的秸秆杂草（压实后形成约10cm厚的草垫），然后按每667m^2施腐熟有机肥5～10m^3与土混匀回填，灌水沉实，再将表土与500kg新型多功能生物有机肥混匀，起40～50cm高、80～100cm宽的定植垄，最后在定植垄上栽植葡萄。

② 早期覆盖地膜：一般于扣棚前30～40天覆盖。

③ 秸秆生物反应堆技术：在行间开挖宽30～50cm，深30～50cm，长度与树行长度相同的沟槽，然后将玉米秸、麦秸、杂草等填入，同时喷洒促进秸秆发酵的生物菌剂，最后秸秆上面填埋10～20cm厚的园土，园土填埋时注意两头及中间每隔2～3m留置一个宽20cm左右的通气孔为生物菌剂提供氧气通道，促进秸秆发酵发热，园土填埋完后，从两头通气孔浇透水。

3. 湿度

（1）调控标准

① 催芽期：此期要求空气相对湿度90%以上，土壤相对湿度80%左右。

② 新梢生长期：此期要求空气相对湿度60%左右，土壤相对湿度60%～80%为宜。

③ 花期：此期要求空气相对湿度50%左右，土壤相对湿度60%～70%为宜。

④ 浆果发育期：此期要求空气相对湿度60%～70%土壤相对湿度70%～80%为宜。

⑤ 着色成熟期：此期要求空气相对湿度50%～60%，土壤相对湿度60%左右为宜。

（2）调控技术

① 降低空气湿度技术：通风降湿；全园覆盖地膜；改革灌溉制度，将传统漫灌改为膜下滴灌或膜下灌溉并采用隔行交替灌溉技术；升温降湿；挂吸湿物等措施。

② 增加空气湿度技术：喷水增湿。

③ 土壤湿度调控技术：主要采用控制浇水的次数和每次灌水量来解决。

4. 二氧化碳浓度

（1）提高二氧化碳浓度的方法

① 增施有机肥。

② 施用固体二氧化碳气肥：由于对土壤和使用方法要求较严格，该法目前应用较少。

③ 燃烧法：燃烧煤、焦炭、液化气或天然气等产生二氧化碳，该法使用不当容易造成二氧化碳中毒。

④ 化学反应法：盐酸-石灰石法、硝酸-石灰石法和碳铵-硫酸法，其中碳铵-硫酸法成本低、易掌握，在产生二氧化碳的同时，还能将不宜在设施中直接施用的碳铵转化为比较稳定的可直接用作追肥的硫酸铵，是现在应用较广的一种方法。

⑤ 二氧化碳生物发生器法：利用生物菌剂促进秸秆发

酵释放二氧化碳气体，提高设施内的二氧化碳浓度。在行间开挖宽30～50cm，深30～50cm，长度与树行长度相同的沟槽，将玉米秸、麦秸、杂草等填入，同时喷洒促进秸秆发酵的生物菌剂，最后在秸秆上面填埋10～20cm厚的园土。填土时，注意每隔2～3m留置一个宽20cm左右的通气孔，为生物菌剂提供氧气通道，促进秸秆发酵发热，园土填埋完后，将两头通气孔浇透水。

⑥ 合理通风换气：在通风降温的同时，使设施内外二氧化碳浓度达到平衡。

(2) 二氧化碳施肥注意事项

① 施用时期：于叶幕形成后开始进行二氧化碳施肥，一直到棚膜揭除后为止。

② 施用时间：一般在天气晴朗、温度适宜的天气条件下于早上日出1～2小时后开始施用，每天至少保证连续施用2～4小时以上，全天施用或单独上午施用，阴雨天不能施用。

③ 施用浓度：葡萄设施栽培中经济有效的二氧化碳施用含量为 $(800\sim1000)\times10^{-6}$ [空气中二氧化碳含量为 $(320\sim360)\times10^{-6}$]。

三、树体管理

1. 整形修剪

(1) 单壁扇形式　定植当年每株葡萄选留2条新梢，直立引缚于单壁篱架架面上，新梢生长到1.5m时摘心，秋后剪留1.5m做为第二年的结果母枝。第二年萌芽前，先将母枝暂时顺第一道铁丝水平引缚，或者平放在地面，待冬芽萌发后再将母枝垂直引到架面。在母枝基部各选留一条粗壮新梢作为预备枝，疏去所有花序。对母枝上部新梢，每个新梢只保留一个花序结果，其余花序抹掉。秋剪时保留预备枝，剪掉已结果的母枝，用所留的预备枝代替原母枝。

（2）单壁水平式　定植当年每株选留一条新梢，垂直引缚于架面上，新梢生长到1.5m时摘心做为结果母枝。秋后修剪时先将母枝引缚于第一道铁丝呈水平状，并在两株交接处剪截。第二年春在母枝水平方向上每相距20cm选留一个壮芽，壮芽之间的芽全部抹掉。生长的新梢向上引缚，如同一个个手臂向上延伸，同时将靠近基部的新梢疏去花序，留作预备枝。

2. 土肥水管理

（1）施肥　葡萄施肥应以有机肥为主，尽量少施化学肥料，尤其是尿素等氮肥。每年秋季在葡萄行间的一侧挖深30～40cm，宽40～60cm的施肥沟，施入腐熟优质有机肥，施肥量1000kg/667m^2，然后把土壤回填踩实。在果实着色前追施磷、钾复合肥或用0.3%的磷酸二氢钾叶面喷肥，对增大果实、着色和新梢成熟具有良好作用。

（2）灌水　灌水要根据葡萄不同生育时期对水分的需求和温室土壤的特点决定，一般在葡萄升温催芽时灌一次透水；开花期要求适当干旱，停止灌水，同时温室内要经常通风换气降低空气湿度；坐果后可小水勤灌，每隔10天灌一次水，保持10cm以下土层湿润；果实膨大期需水量较大，可灌1～2次透水，同时可以淋溶积聚在土壤表层的盐分；果实开始着色成熟至采收前，一般停止灌水，以提高果实含糖量和加速上色成熟，防止裂果；落叶修剪后，要灌一次透水越冬。

3. 病虫害管理

日光温室内的小环境不仅为葡萄的生长创造有利的条件，同时也有利于病虫害的发生与蔓延。因此，病虫害防治是设施葡萄优质栽培不可忽视的环节。病虫害防治原则：以农业防治为主，无公害、低毒、低残留药物防治为辅，禁止使用剧毒、高毒、高残留或致癌、致畸、致突变农药，确保鲜食葡萄安全、优质。葡萄生长期间的病害主要有黑痘病、霜霉病、炭疽病、白腐病、白粉病、灰霉病、褐斑病等，虫害主要有介壳虫、红蜘蛛等，可采用以下措施防治。

（1）农业防治

① 精细管理，增强树势，能提高植株抗病能力，减少病虫害的发生。在病虫害高发季节要注意副梢处理，引缚枝蔓，改善架面通风透光条件，降低空气湿度，防止枝蔓徒长，防止病虫的发生。

② 通过疏花序、疏果来调节树体负载量，保持树体的强健。防止座果过多，造成树势减弱，感染病害。

③ 秋季葡萄落叶后，及时清除残枝、落叶，集中烧掉，保持温室清洁，减少越冬病源。

（2）无公害、低毒、低残留药物防治

① 萌芽期：用80%必备400倍喷雾可杀死霜霉病、黑痘病等多种真菌和细菌病害的越冬菌源。

② 开花前：用50%多菌灵600倍或70%甲基托布津600～800倍液喷雾可预防灰霉病、黑痘病和褐枯病，保证花期安全。

③ 幼果期：用科博800倍液每7～15天喷一次，可预防多种病害。

④ 转色期：用必备400倍液＋歼灭3000倍液＋农利灵1000倍液混合施用，可预防病虫害的发生。

⑤ 采收后用必备400倍液喷雾，可防治早期落叶，减少越冬病源。

⑥ 红蜘蛛可用敌杀死或氯氰菊酯1000倍液防治。

4. 果实管理

果实的生长期管理是生产优质葡萄的关键，主要包括：疏花序、掐穗尖、疏果、果实套袋和正确应用生长调节剂等，目的是调节果实负载量，改善果实生长过程中营养的供应，提高果实的商品品质。果实管理的技术要求与露地栽培相同。

第二节 葡萄避雨栽培

一、避雨栽培主要设施形式

1. 大棚结构

即利用钢架大棚作为避雨设施。大棚跨度一般6～7m，棚顶高3～3.2m。棚的长度根据园地实际情况决定。棚内种植两行葡萄，葡萄架式采用水平棚架或V形架。利用大棚作为避雨设施，可和促进栽培结合起起来，只是覆膜的时间和覆膜的位置不同。用作促成栽培时，覆膜时间一般要在春节前进行，膜要覆盖整个大棚；而用作避雨设施的，覆膜时间可推迟到葡萄萌芽前进行，覆膜不需要整个大棚多覆盖，大棚两侧1m左右的位置可不用覆膜（图2-6）。

2. 连栋避雨结构

此种结构用于连片避雨栽培，避雨棚的建造要求较高，成本也相对较高。此种结构是根据园内葡萄种植行的情况，决定园内立柱，一般每两行种植行建一个避雨棚，园内水泥立柱间距一般4×6m，立柱高出地面2m，立柱低部用混凝土浇灌牢固，立柱顶端要确保在同一水平面，用钢架焊接相联。顶部避雨棚采用钢管拱形焊接，拱顶高1.5m左右，拱架每间隔2m焊接1根钢管，两根拱形钢管中间再用竹片作

图 2-6　葡萄钢架大棚避雨栽培设施（见彩图）

图 2-7　葡萄联栋大棚避雨栽培设施（见彩图）

拱环。拱棚顶部用钢结构连接固定牢固。在拱棚钢管之间，每0.5m拉一道铁丝。每个避雨棚间设置出水槽，出水槽可用塑料水槽，水槽固定位置略低于水泥立柱高度。整个避雨棚四周用地锚加于固定。拱棚用长寿无滴膜覆盖，覆膜时间根据江苏的气候特点，一般在2月下旬、3月上旬盖膜（图2-7）。

3. 简易避雨拱棚结构

此结构比较简单，成本也轻。具体构建办法是在原葡萄架水泥立柱顶端加固一根1.5～1.7m的横梁和0.8m的支柱，横梁两端和立柱顶端各拉一道10号铁丝，用竹片做拱环，竹环两端固定在铁丝上，竹环间隔距离1～1.5m。竹环与竹环间用铁丝连接并扶正，两头用地锚拉紧固定。薄膜用竹片加压固定在搭架的拱环上，膜的两侧卷细竹杆捆在拉紧的铁丝上（图2-8）。简易避雨拱棚构建完成的时间必须在葡

图2-8　葡萄简易拱棚避雨栽培设施（见彩图）

萄萌芽前，晚了将影响避雨棚作用的发挥。

二、避雨栽培品种选择

1. 早熟品种

（1）夏黑　别名黑夏、夏黑无核。欧美杂种，原产地日本。日本山梨县果树试验场 1968 年杂交育成。亲本为巨峰×无核白。1998 年，南京农业大学园艺学院从日本引入我国。果穗圆锥形间或有双歧肩。平均穗重 425g，果穗大小整齐，果粒着生紧密或极紧密。果粒近圆形，紫黑色或蓝黑色，平均粒重 3～3.5g，果粉厚。果皮厚而脆，无涩味。果肉硬脆，无肉囊。果汁紫红色。味浓甜，有浓草莓香味。无种子。可溶性固形物含量为 20%～22%。鲜食品质上等。在江苏张家港地区，3 月 25 日～4 月 8 日萌芽，5 月 10～20 日开花，7 月 10～20 日浆果成熟。从萌芽至浆果成熟需 100～115 天。此品种为早熟鲜食无核品种。甜而爽口，有浓郁草莓香味。经赤霉素处理，平均穗重达 608g，最大穗重 940g，果粒可增大一倍以上。适合全国各葡萄产区种植（图 2-9）。

（2）京蜜　欧亚种。由中国科学院植物研究所 1997 年利用‘京秀’为母本，‘香妃’为父本杂交选育而成。2007 年 12 月通过北京市林木品种审定委员会审定。果穗圆锥形，平均质量 373.7g，最大 617.0g。果粒着生紧密，扁圆形或近圆形，黄绿色，平均质量 7.0g，最大 11.0g，皮薄，肉脆，种子 2～4 粒。成熟期可溶性固形物含量 17.0%～20.2%，可滴定酸含量 0.31%，味甜，有玫瑰香味，肉质细腻，品质上等。在北京地区露地 4 月上旬萌芽，5 月下旬开花，7 月下旬果实充分成熟，极早熟。果穗、果粒成熟一致。抗病性强。适宜北京、河北、山东、辽宁、新疆等露地

图 2-9　葡萄品种‘夏黑’（见彩图）

栽培，多雨潮湿地区避雨栽培。

（3）6-12　山东省莒县林业局、山东省志昌葡萄研究所选育。欧亚种。1998 年从绯红芽变选出的葡萄极早熟新品种。2006 年通过山东省日照市科技局组织的成果鉴定。果穗圆锥形，紧凑，其平均穗重为 426.0g，最大穗重为 760.0g，果粒着生紧密，果粒近圆形。其单粒重为 6.5g，最大粒重为 9.8g。果粒鲜红色，充分成熟果粒为紫黑色。每果粒有种子 2～3 粒，种子与果肉易分离，果皮与果肉不易分离，果皮厚，果肉硬脆，用刀可削成片，有淡玫瑰香味，鲜食品质上等。极耐贮运。生长势中庸，盛果期树萌芽率和结果枝率高，隐芽萌发力中等，适宜中短梢修剪。在山东莒县露地栽培，4月上旬萌芽，5月中旬开花，6月下旬至7月初浆果成熟，浆果发育期仅46天，为极早熟品种。在南方地区试栽裂果较重。适宜避雨栽培。

（4）沈农金皇后　沈阳农业大学选育。‘沈农金皇后’葡萄是沈阳农业大学葡萄课题组从早熟葡萄‘87-1’自交后代中选育出的新品种。2009年12月通过辽宁省非主要农作物品种备案办公室备案，定名为‘沈农金皇后’。果穗圆锥形，穗形整齐，果穗大，平均重856g，最大1367g。果粒着生紧密，大小均匀，椭圆形，果皮金黄色，平均重7.6g，最大11.6g。果皮薄，肉脆，种子1～2粒。可溶性固形物含量为16.6%，可滴定酸含量0.37%，味甜，有玫瑰香味，品质上等。早果性好，定植第2年开始结果，极丰产。在沈阳地区露地4月底萌芽，6月上旬开花，8月下旬果实成熟，从萌芽到果实充分成熟需120天左右，属早熟品种。果穗、果粒成熟一致。抗病性较强。适宜在华北、东北及西北无霜期130天以上地区露地栽培，南方可采用避雨栽培。棚架栽培龙干形整枝，短梢修剪；篱架栽培规则扇形整枝，中、短梢修剪相结合。注意疏花疏果（图2-10）。

（5）早甜葡萄　别名先锋1号。欧美杂种。原产地中国。是先锋芽变品种，由金华市金东区孝顺镇浦口村民兵俞敬仲选育。2006年7月通过浙江省非主要农作物品种认定委员会果树专家组审查认定。果穗圆锥形，平均穗重可达650～750g。果粒椭圆形，无核处理后为圆球形，果皮红色，平均单粒重16g左右，最大可达25g。果肉硬脆，玫瑰香味浓，可溶性固形物18%左右，口感极佳、鲜甜清爽、无核。果实耐贮运性中等。适于采用双十字V形架，在南方高温

图 2-10　葡萄品种‘沈农金皇后’(见彩图)

多雨地区栽培，尽量实行单行小棚架避雨栽培。注重防治病害，重点防治葡萄灰霉病、穗轴褐枯病、炭疽病和白腐病。

(6) 瑞都脆霞　北京市农林科学院林业果树研究所选育。欧亚种。瑞都脆霞原代号 25-7-3。1998 年以京秀作母本，香妃作父本进行杂交。2007 年 12 月通过北京市林木品种审定委员会审定。果穗圆锥形，无副穗和歧肩，平均单穗重 408.0g；果粒着生中等或紧密；果粒椭圆形或近圆形，平均单粒重 6.7g，最大单粒重 9.0g，大小较整齐一致。果皮紫红色，着色早，退酸快，果粉薄。果梗抗拉力中或难，横断面为圆形。果皮薄，较脆，稍有涩味。每个果粒有种子 1～3 粒，种子外表无横沟，长度中等，种脐稍可见。果肉脆，汁液多，无香气，风味酸甜。可溶性固形物含量

16.0%。在北京地区，一般4月中旬萌芽，5月下旬开花，8月上中旬成熟，果实发育期为110～120天，属早熟品种。瑞都脆霞可在我国华北、西北和东北地区栽培。南方适宜避雨栽培（图2-11）。

图2-11　葡萄品种‘瑞都脆霞’（见彩图）

（7）京艳　中国科学院植物研究所选育。欧亚种。育种代号为97-3-16，原名97-优2。2010年定名为京艳，同年通过北京市林木品种审定委员会审定。果穗圆锥形，有副穗，平均果穗重420.0g，果粒着生密度中等。果粒椭圆形。单粒重6.5～7.8g，最大单粒重10.5g。成熟为玫瑰红色或紫红色，光照条件不是太好也容易着色；果粉薄。果皮中厚，果皮与果肉不易分离，果脐不明显，果肉与种子分离，每粒葡萄种子多为3粒，果肉与果刷难分离，肉厚、脆，汁液中多，有玫瑰香味，风味酸甜，品质好。平均可溶性固形物含量为16.8%，平均可滴定酸含量0.48%，不易裂果。有玫瑰香味。在北京地区，露地栽培，7月底充分成熟，早熟。适宜生长区域为干旱、半干旱地区，在多雨潮湿地区应采用避雨栽培。

（8）瑞都香玉　北京市农林科学院林业果树研究所选育。欧亚种。1998年以京秀作母本、香妃作父本杂交育成。2007年12月通过北京市林木品种审定委员会审定。果穗长圆锥形，有副穗或岐肩，平均穗重432.0g。果粒着生紧密度为中等至松。果粒椭圆形或卵圆形，平均粒重6.3g，最大粒重8.0g。果皮为黄绿色，果粉薄。果梗拉力中等。果皮厚度为薄至中厚，较脆，稍有涩味。每粒葡萄有种子2～4粒，种子外表无横沟，长度中等，种脐稍可见。果肉脆，硬度中至硬，汁液多，有玫瑰香葡萄香味，香味中等，风味酸甜，可溶性固形物含量16.20%。成熟期不裂果。在北京地区，瑞都香玉4月中旬萌芽，5月下旬开花，果实8月中旬成熟，11月中旬落叶。适合我国华北、西北和东北地区栽培。南方高温多雨地区适宜避雨栽培。

（9）香妃　北京市农林科学院林业果树研究所选育。欧亚种。以早熟品种'绯红'为父本，玫瑰香×莎芭珍珠的后代73-7-6为母本进行杂交，早熟。2000年通过了北京市农作物品种审定委员会审定。果穗较大，短圆锥形带副穗，平均质量322.5g，穗形大小均匀，紧密度中等。果粒大，近圆形，平均质量7.58g，最大9.7g。果皮绿黄色（完全成熟时金黄色），薄，质地脆，无涩味，果粉厚度中等。果肉硬，质地脆、细，有极浓郁的玫瑰香味，含糖量14.25%，总酸0.58%。酸甜适口，品质上等。每果粒含3～4粒种子。北京地区4月17日左右开始萌芽，5月27日左右开花，7月中旬果实开始成熟，8月上中旬完全成熟。适栽区为干旱、半干旱地区，多雨地区可作设施栽培（图 2-12）。

图 2-12　葡萄品种‘香妃’（见彩图）

（10）超级无核　四川农业大学林学园艺学院选育。欧亚种。‘超级无核’葡萄系从美国引进的优质无核新品种‘SuperiorSeedless’优选单株无性系选育出的新品种，是适合高温高湿少日照地区栽培的无核葡萄品种。2003 年 12 月通过四川省农作物品种审定委员会审定。果穗圆锥形，平均穗重约 600g。无核，圆形或短椭圆形，果皮金黄色，有红色条纹，果粒大，平均 7g 以上，经赤霉素处理后可达 10g 以上。可溶性固形物含量为 15.6%，可滴定酸为 0.46%，有香气，风味好。果粒着生紧密，整齐均匀，果刷较发达，耐拉力较强，耐贮运。早实丰产性好。在四川盆地 3 月上旬萌芽，4 月下旬开花，7 月上旬果实成熟，11 月下旬落叶。本品种在适宜葡萄栽培的地区均可栽培。冬季修剪采用中短梢结合修剪。

（11）早黑宝　山西省农业科学院果树研究所选育。属欧亚种。1993年以二倍体‘瑰宝’×二倍体‘早玫瑰’的杂交种子用秋水仙素进行诱变。2001年3月通过山西省农作物品种审定委员会审定，并定名为‘早黑宝’。果穗圆锥形带歧肩，果穗大，平均426g，最大930g；果粒大，平均7.5g，最大10g；果粉厚；果皮紫黑色，较厚，韧；肉较软，完熟时有浓郁玫瑰香味，味甜；可溶性固形物含量为15.8%，品质上等。含种子1～3粒，种子较大。在山西晋中地区4月14日左右萌芽，5月27日开花，7月7日果实开始着色，7月28日果实完全成熟。适宜华北、西北地区栽植。南方高温多雨地区适宜避雨栽培。该品种在果实着色阶段果粒增大特别明显，因此要加强着色前的肥水管理。

（12）金田蜜　河北科技师范学院等单位选育。属欧亚种。1996年由‘里扎马特’和‘红双味’杂交后代中选育出的中熟品系。2007年通过河北省林业局鉴定。果穗圆锥形，紧，平均重616.0g。果粒近圆形，平均单粒质量7.8g。果粒大，内有种子1～3粒。果皮绿黄色，薄、脆，果粉中等厚。肉质较脆，有香味，可溶性固形物含量14.5%，味甜，品质上等。在冀东地区4月14～15日开始萌芽，5月30～31日为始花期，7月底至8月上旬成熟。从萌芽到浆果成熟需100天左右，属极早熟品种。丰产性强。适宜在新疆、河北、山东、辽宁等地栽培。棚架和篱架栽培均可，以中、短梢修剪为主，注意疏花疏果，控制产量。南方适宜避雨栽培。

（13）红旗特早玫瑰　别名：红旗特早。欧亚种，原产地中国，为玫瑰香单株芽变，由山东省平度市红旗园艺场于1996年发现，2001年通过由青岛市科委组织的品种鉴定。

果穗圆锥形，有副穗，单穗重500～600g，最大穗重1500g，果粒圆形，平均粒重7.5g，最大粒重15g。果粒紫红色，开始着色早，上色快，果粒着生紧密，顶部有34条微棱，有玫瑰香味，酸甜，品质极上，可溶性固形物含量17%以上。在山东平度市，该品种4月上旬萌芽，5月下旬开花，6月20日开始着色，7月上旬成熟。该品种较耐干旱、耐瘠薄，抗寒性较强。架式宜选用小棚架或篱架，以中、短梢修剪为主。

(14) 郑果大无核　欧亚种，原产地中国，由中国农业科学院郑州果树研究所选育，该所于1984年从河南西华农场引入的从美国引进的汤姆逊无核品种的种条，繁殖苗木后，选5株定位在国家葡萄种质资源圃内，1987年结果后，发现果较大，不是汤姆逊无核。后向前追索，未得结果。果穗双歧肩圆锥形，平均穗重650g，最大穗重900以上。果粒着生紧密。果粒椭圆形或近圆形，黄色或金黄色，平均粒重4g，最大粒重可达9g以上。果粉和果皮均薄。果肉脆，汁液中等多，味甜爽口。种子不发育。可溶性固形物含量为15%左右，可滴定酸含量为0.18%～0.35%。品质优。二倍体。在河南郑州地区，4月10日前后萌芽，5月15～20日开花，7月下旬～8月初成熟。从萌芽至果实成熟需110天左右。

(15) 爱神玫瑰　别名丘比特玫瑰。欧亚种，原产地中国。由北京市农林科学院林业果树研究所育成，亲本为玫瑰香×京早晶。1973年杂交，1994年通过北京市农作物新品种审定委员会的审定、定名。果穗圆锥形带副穗，小或中等大，穗长14.6cm，穗宽10.0cm，平均穗重220.3g，最大穗重390g，果穗大小整齐。果粒着生中等紧密。果粒椭圆形，红紫色或紫黑色。平均粒重2.3g，最大粒重3.5g。果粉中等厚。果皮中等厚，韧．略有涩味。果肉中等脆，汁中等多，味酸甜，有玫瑰香味。种子不发育。有瘪籽。有小青粒。可溶性固形物含量为17%～19%，可滴定酸含量为0.71%。鲜食品质上等。在北京地区，4月13～19日萌芽，5月25～31日开花，7月26～28日浆果成熟。从萌芽至浆果成熟需103天。极早熟。长江以南高温多雨地区适宜避雨设施栽培。

(16) 贵妃玫瑰　别名鲁葡萄4号。欧美杂种，原产地中国，山东省酿酒葡萄科学研究所育成，亲本为红香蕉×葡萄园皇后。1985年开始杂交，1997年通过山东省农作物品种审定委员会审定。果穗圆锥形，中偏大，有副穗和歧肩，平均穗重600g，成熟一致。果粒圆形、整齐、黄绿色，果皮中等厚，果粒重8～10g，果肉脆，具有玫瑰香味，含可溶性固形物17%以上，每果含种子2粒，不裂果。树势中偏强，丰产稳产，结果期早。在济南市，该品种4月初萌芽，5月上中旬开花，7月上中旬成熟。生长天数105～110天。

(17) 沪培2号　育种编号：97-73。欧美杂种。原产地中国。上海市农业科学院育成，亲本为杨格尔×紫珍香。1995年杂交，杂交胚经离体胚挽救培养。2007年11月通过上海市农作物品种审定委员会审定，定名为沪培2号。果穗圆锥形，平均穗重350g。果粒着生中等较密，果粒椭圆形或鸡心形，平均单果重5.3g，最大可达5.5g，果粒较大。果皮中厚，果粉多，可溶性固形物15%～17%，风味浓郁，无核，品质中上。果穗和果粒大小整齐。色泽鲜艳，外观美，商品性良好。树势强旺，成花容易，早果性好。连年结果稳定。上海市露地栽培，3月中下旬萌芽，5月中旬开花，6月中下旬开始着色，7月中下旬成熟，从萌芽到果实成熟大约125天左右，属早熟品种。

2. 中熟品种

(1) 金手指　欧美杂种。原产地日本。是日本原田富一氏于1982年用美人指×Seneca杂交育成。以果实的色泽与形状命名为金手指，1993年经日本农林省注册登记，1997年引入我国，在山东、浙江等省进行引种栽培。果穗中等大，长圆锥形，着粒松紧适度，平均穗重445g，最大980g，果粒长椭圆形，略弯曲，呈菱角状，黄白色，平均粒重7.5g，最大可达10g。每果含种子0～3粒，多为1～2粒，有瘪籽，无小青粒，果粉厚，极美观，果皮薄，可剥离，可以带皮吃。含可溶性固形物21%，有浓郁的冰糖味和牛奶味，品质极上。在山东大泽山地区，该品种4月7日萌芽，5月23日开花，8月上中旬果实成熟（图2-13）。

图2-13　葡萄品种‘金手指’（见彩图）

（2）碧玉香　辽宁省盐碱地利用研究所育成，欧美杂种，原产中国，亲本为绿山×尼加拉，1961 年开始杂交，2009 年 8 月通过辽宁省品种审定委员会审定并命名。果穗圆锥形，平均穗重 205g，果粒紧密度中等。平均单粒重 4g，无核处理可达 6～7g，椭圆形；果皮绿色、透明，果粉中厚；稍有肉囊，味极甜，有浓郁草莓香味，含可溶性固形物 19%，含酸 0.54%。每果粒含种子 3 粒，种子大，褐色，与果肉易分离。在辽宁盘锦地区，该品种 4 月中旬萌芽，6 月上旬开花，8 月上旬果实软化，8 月下旬成熟，从萌芽至果实完全成熟需 130 天左右。栽培适应性好，丰产稳产。

（3）沈农香丰　沈阳农业大学选育。欧美杂交种。‘沈农香丰’葡萄是从‘紫珍香’自交后代中选出的优良新品种。2009 年 12 月通过辽宁省非主要农作物品种备案办公室备案，定名为‘沈农香丰’。果穗圆柱形，穗形整齐，果穗较大，平均重 480g，最大 575g。果粒着生紧密，大小均匀，倒卵形，果皮紫黑色，平均重 9.7g，最大 13.4g。果皮较厚，果肉较韧，种子 1～2 粒。可溶性固形物含量 18.8%，可滴定酸含量 0.58%，味甜，多汁，香味浓郁，品质上等。丰产性强。抗病性强。在沈阳地区露地 4 月下旬萌芽，6 月上旬开花，8 月底至 9 月初果实成熟，从萌芽到果实充分成熟需 125 天。南方适宜避雨栽培。

（4）金田玫瑰　河北科技师范学院等单位选育。属欧亚种。2000 年以‘玫瑰香’作母本，‘红地球’作父本有性杂交育成的新品种。2007 年通过河北省林业局鉴定。果穗圆锥形，中等紧密，平均质量 608.0g。果粒圆形，平均单粒质量 7.9g，种子 3～4 粒。果皮紫红到暗紫红色，中等厚、韧。果粉中等厚，果肉中等脆，多汁，有浓郁玫瑰香味，可溶性固形物含量 20.5%，味甜，品质上等。全株果穗及果粒成熟一致。在冀东地区4月13～15日萌芽，5月26～31日开花，8月14～22日成熟，从萌芽到浆果成熟124～131天。适宜在新疆、河北、山东、辽宁等地栽培。棚架和篱架栽培均可，以中、短梢修剪为主。该品种丰产性强，应注意疏花疏果，控制产量。南方适宜避雨栽培。

（5）峰后　北京市农林科学院林业果树研究所选育。欧美杂交种。巨峰葡萄进行实生苗培育。1999年通过北京市农作物品种审定。果穗短圆锥形，平均重418.08g。果粒着生中等紧密，短椭圆形，平均质量12.78g，最大19.5g。果皮紫红色，厚。肉质脆，略有草莓香味，可溶性固形物含量为17.87％，含糖15.96％，含酸0.57％，糖酸比高，口感甜，品质极佳。果实不裂果，含种子1～2粒。在北京地区4月中旬开始萌芽，5月底开花，8月上旬果实着色。9月中下旬完全成熟，属中晚熟品种。适栽区同巨峰，可在我国大江南北广泛栽培。

（6）申宝　欧美杂种。原产地中国。是由上海市农业科学院林木果树研究所从巨峰实生变异选育而成的新品种。2008年通过上海市农作物品种审定委员会审定。果穗平均重200g左右，果粒椭圆形，平均果粒重4.0g，果皮绿色，可溶性固形物17.0％。进行无核化栽培后，果穗长圆锥形或圆柱形，平均穗重476g，果粒着生中等紧密，平均粒重9g，最大粒重10.5g，果皮中厚，果粉中等，果皮通常绿色至绿黄色。果肉软，可溶性固形物15％～17％，可滴定酸为0.7％～0.8％，风味浓郁，品质上等，不裂果。果穗与果粒大小整齐。在上海市露地栽培，该品种3月中旬萌芽，5月中旬开花，6月下旬果实开始软化，7月下旬至8月上旬果实成熟；促成栽培7月中旬果实成熟，成熟期比先锋早15天左右。该品种适栽区域与巨峰相同，设施栽培加强对白粉病和灰霉病的防治。

(7) 红玫瑰　欧亚种。红玫瑰葡萄，别名红罗莎里奥。欧亚种，日本植源葡萄所杂交育成，亲本 Rosario Bianco×Ruby Okya-ma。果穗圆锥形，穗轴柔软，穗形松紧适度，外形美观，平均穗重 800～1600g，粒椭圆形，粒重 9～11g，果梗细但强韧，不掉粒，果皮鲜红色，有果粉，果皮稍厚有韧性，不裂果，有玫瑰香味，含糖量 19%～20%，品质极佳，极耐贮运，可在树上可在树上挂到 10 月中旬。树势中强，丰产性特强，每个新枝基本都有花穗。在江苏镇江地区，3 月 25 日左右萌芽，5 月 10 日左右初花，5 月 15 日左右盛花，5 月 20 日左右终花，8 月 20 日左右开始成熟，熟期可延至 10 月上旬。在南方多雨、高温、高湿地区极易发病，必须采取避雨栽培。

(8) 沈农硕丰　沈阳农业大学园艺学院选育。欧美杂交种。1996 年从‘紫珍香’自交后代中选育出的葡萄新品种。2009 年 12 月通过辽宁省非主要农作物品种备案办公室备案，定名为‘沈农硕丰’。植株生长势中等。果穗圆锥形，穗形整齐，果穗较大，平均单穗重 527g，最大 719g。果粒大，着生紧密，大小均匀，椭圆形，果皮紫红色，平均单粒重 13.3g，最大 16.6g。果皮中厚，果肉较软，种子 1～2 粒。可溶性固形物含量为 18.1%，可滴定酸含量 0.74%，酸甜适口，多汁，香味浓郁，品质上等。早果性好，丰产性强。在沈阳地区露地 4 月底萌芽，6 月上旬开花，8 月底至 9 月初果实成熟，从萌芽到果实充分成熟需 125 天。果穗、果粒成熟一致。抗病性极强。南方适宜避雨栽培。

(9) 申丰　上海市农业科学院林木果树研究所选育。属于巨峰系欧美杂种。以早熟品种‘京亚’为母本，‘紫珍香’为父本杂交选育出的四倍体新品种。2005 年 8 月通过上海市科技成果鉴定，2006年11月通过了上海市农作物品种审定委员会审（认）定，定名为‘申丰’。果穗整齐，紧密度中等，圆柱形，平均穗重400g，最大600g；果粒椭圆形，平均单粒重8g，最大11.3g。果皮厚，紫黑色，果粉厚度中等。果肉较软，质地致密细腻，成熟时有草莓香味，酸度低，含糖量14%～16.5%，品质上等。不易脱粒，每果粒通常含2粒种子。树势中庸，坐果率高，丰产性强，浆果容易上色，不易裂果和脱粒。早果性强。在上海地区3月15日左右开始萌芽，5月13日左右开花，7月上旬果实开始上色，8月上旬完全成熟。露地和设施栽培均可。

(10) 申华　上海市农业科学院林木果树研究所选育，欧美杂种。四倍体。1995年选用京亚为母本，86-179为父本（上海市农业科学院选育的无核化葡萄优良品系）杂交。2010年通过了上海市农作物品种审定委员会组织的田间考察。在避雨设施栽培条件下，经过无核化栽培后，平均穗重420～520g，果粒中等紧密。果粒长椭圆形，粒重9～13g，最大可达18g；果皮紫红色，色泽匀称。果肉中软，肉质致密，可溶性固形物含量15%～17%，风味浓郁，品质优良，不裂果，外形美观。露地栽培3月中旬萌芽，5月中旬开花，6月下旬果实开始软化，7月下旬至8月上旬果实成熟。

(11) 丽红宝　山西省农业科学院果树研究所选育。属欧亚种。由‘瑰宝’与‘无核白鸡心’杂交选育而成的中熟无核新品种。2010年3月通过山西省品种审定委员会审定并定名。果穗圆锥形，穗形整齐，中等大小，平均单穗质量300g，最大460g。果粒着生中等紧密，大小均匀，鸡心形，果粒大，单粒质量3.9g，最大5.6g；果皮紫红色，薄、韧；果肉脆，具玫瑰香味，味甜，可溶性固形物含量19.4%，总酸0.47%，品质上等；无核。在山西晋中地区4月中旬萌芽，5月下旬开花，7月15日左右果实开始着色，7月下旬新梢开始成熟，8月下旬果实完全成熟，从萌芽到果实充分成熟130天左右，属中熟无核品种。在中国西北、华北地区均可推广种植。南方高温多雨地区适宜避雨栽培。

（12）巨玫瑰　大连市农业科学研究院（大连农科院）选育。四倍体欧美杂种。1993年以沈阳大粒玫瑰香作母本、巨峰作父本杂交选育。果穗圆锥形，有比较大的副穗，平均穗重675g，最大穗重1150g。果粒大，平均粒重9～10g，最大粒重15g，果粒着生中等紧密。果皮紫红色，中等厚，着色好，果粉中多。果肉与种子易分离，肉较脆，汁液多，无肉囊，具有浓郁的玫瑰香风味，品质极佳。每果粒有种子1～3粒，种子中等大，粉褐色，叶柄中等长。果实成熟后不裂果，不脱粒，耐贮运。可溶性因形物含量19%～23%，在大连市，巨攻稗4月中旬萌芽，6月初始花，7月下旬果实开始着色，9月上旬浆果充分成熟，从萌芽至果实充分成熟需约142天，属中晚熟葡萄品种，果实成熟一致。

（13）黑玫瑰　大连市农科院育成。欧美杂种，原产地中国。亲本为沈阳玫瑰巨峰，1993年开始杂交，2002年通过省品种审定委员会审定并定名。果穗圆锥形，果穗大，有副穗，平均穗重580g，最大穗重1050g。果粒大，短椭圆形，平均单粒重8.5g，最大为10.5g，果粒着生紧密，大小整齐均匀，果皮蓝黑色，着色好，果皮中等厚，肉软多汁，酸甜适口，果粉中多，果肉与种子分离，无肉囊，略有玫瑰香味，品质上等。可溶性固形物16%～18%，可滴定酸0.42%。每果粒有种子1～2粒。耐贮运。在大连市，4月中旬萌芽，6月初始花，7月中旬果实开始着色，8月下旬浆果充分成熟。对葡萄黑痘病、炭疽病和霜霉病抗性较强，在正常田间管理情况下，抗病性与巨峰葡萄相近。丰产稳产、抗病性强。可作为南方的设施栽培品种。

（14）红乳　原产地日本，欧亚种，亲本不详。河北爱博欣农业有限公司于 2000 年引自于日本植原葡萄研究所。穗形紧凑，穗重 500～750g。果粒细长且果顶极尖，单粒重 9～11g。每果含种子 1～3 粒，多数为 1～2 粒。无小青粒。果皮薄。果肉硬脆，极甜，清香爽口，风味佳，品质优。不裂果，不脱粒，成熟后在树上挂果 1 个月均不脱不落。在河北保定地区，4 月初开始萌芽，5 月中旬开花，国庆、中秋时节即可上市。结果期早，坐果率高，丰产、稳产，整穗疏粒，合理负载。可采用短梢修剪或中短梢修剪，也可用长、中、短梢结合修剪。适合北方多数地区及南方高温多雨地区栽培（图 2-14）。

（15）醉人香　育种编号：85-1-23。欧美杂种。甘肃省

图 2-14　葡萄品种‘红乳’（见彩图）

农业科学院果树研究所利用杂交方法选育，亲本为巨峰×卡氏玫瑰。从20世纪80年代中期开始选育，2009年1月通过甘肃省农作物品种审定委员会审定。果穗圆锥形，果粒着生中等紧密。果粒卵圆形。平均单粒重9g，最大单粒重11g。果皮中厚，易剥离，果皮淡玫瑰红，肉软，肉囊黄绿色，多汁，浓甜爽口，可溶性固形物含量18%～23%，具有浓郁的玫瑰香、草莓香兼酒香味，品质极佳。种子2～3粒，呈鸭梨形，皮色与浆果皮色同时转色，呈褐色。该品种在兰州市4月18日左右萌芽，4月25日左右展叶，5月25日左右开花，8月25日左右成熟，10月下旬落叶。从萌芽至成熟需129天左右。

（16）维多利亚　欧亚种，原产地罗马尼亚。由罗马尼亚德哥沙尼试验站育成。亲本为绯红×保尔加尔。1978年进行品种登记。1996年，河北省农林科学院昌黎果树研究所自罗马尼亚布加勒斯特农业大学引入我国。二倍体。果穗圆锥形或圆柱形，平均穗重630g。果粒着生中等紧密。果粒长椭圆形，绿黄色，较大，平均粒重9.5g，最大粒重15.0g。果皮中等厚，果肉硬而脆，味甜，爽口。每果粒含种子多为2粒，种子与果肉易分离。可溶性固形物含量为16.0%，可滴定酸含量为0.37%，鲜食品质极优。在河北省昌黎地区，4月16日萌芽，5月20日开花，8月上旬浆果成熟。丰产，需严格控制负载。对肥水条件要求较高。以中、短梢修剪为主。

（17）玛斯卡特　欧亚种。原产地中国。是亚历山大葡萄的红色芽变品系，1998年上海交通大学从日本冈山大学引进亚历山大接穗，在交大农场果园高接，2001初次挂果，果皮颜色由母本品种亚历山大的碧绿色转变为鲜红色。经多次繁殖、栽培和观察，该品系果皮的鲜红色变异能够稳定遗传。在2006年通过了上海市农作物品种审定委员会的认定和命名。穗重在1000g以上。果粒椭圆形，粒重6～7g，果皮中等厚，果粉覆盖后呈粉红色。肉脆而多汁，可溶性固形物含量16%～21%，含酸量为0.3%～0.4%。每果粒含种子2～3粒。萌芽率高。树势强旺，花芽着生节位低，分化率高。在生长季节多雨的上海等南方地区，露地栽培葡萄黑痘病、晚腐病严重，须在避雨大棚或温室促成栽培。

3. 晚熟品种

（1）秋黑宝　山西省农业科学院果树研究所选育。属欧亚种。是‘瑰宝’（二倍体）和‘秋红’（二倍体）的杂交种子经秋水仙碱诱导染色体加倍选育而成的欧亚种四倍体中熟新品种。2010年5月通过山西省农作物品种审定委员会审定并定名。果穗圆锥形，较大，平均单穗重437g，最大1252g。果粒着生中等紧密，大小均匀，短椭圆形或近圆形，粒大，平均单粒重7.13g，最大9.78g。果皮紫黑色，较厚、韧，果皮与果肉不分离。果肉较软，味甜、具玫瑰香味，可溶性固形物含量23.4%，总糖19.96%，总酸0.40%，品质上等。每果1～2粒种子，种子大。生长势中庸。在山西晋中地区，4月中旬萌芽，5月下旬开花，7月下旬新梢开始成熟，果实开始着色，8月下旬果实完全成熟，从萌芽到果实充分成熟需130天左右。在我国西北、华北地区均可栽培。南方高温多雨地区适宜避雨栽培。

（2）瑞都无核怡　北京市农林科学院林业果树研究所育成。欧亚种。1997年进行杂交，亲本是香妃×红宝石无核。2009年9月通过了北京市林木品种审定委员会果树专业组的初步审定。果穗圆锥形，有副穗，单歧肩较多，平均单穗重459.0g，果粒着生密度中等。果粒椭圆形或近圆形，平均单粒重6.2g，最大可达11.4g。果粒大小较整齐一致，果皮紫红至红紫色，色泽一致。果皮薄，无涩味。果肉质地较脆，硬度中至硬，酸甜多汁。果梗抗拉力中等，横断面为圆形。可溶性固形物16.2%。无种子。在北京市，该品种一般4月下旬萌芽，5月下旬至6月上旬开花，9月中旬果实成熟。新梢8月中下旬开始成熟。属晚熟品种。

（3）新郁　新疆葡萄瓜果开发研究中心育成。欧亚种。1984年收集红地球自然杂交种子播种，从后代中选择表现较好的单株E42-6扩繁。2005年通过了新疆维吾尔自治区农作物品种登记委员会登记。二倍体。果穗圆锥形，紧凑，单穗多在800g以上，最大穗重2300g，极大。果粒椭圆形，果皮紫红，果粉中等，果肉较脆，味酸甜。平均单粒重11.6g，可溶性固形物含量16.8%，总酸0.33%～0.39%。品质中上，外观好。果皮中厚，较脆，果肉脆，汁多，口感好，无香味。穗梗细、长，果刷耐拉力较强。每粒果含种子2～3粒。种子与果肉易分离。贮运性能较好，适应性较强。生长势强。在鄯善地区4月中旬萌芽，5月中旬开花，9月上中旬果实完全成熟。从萌芽至果实完全成熟大约145天。

（4）美人指　别名红指，红脂、染指。欧亚种，原产地日本。由日本植原葡萄研究所育成。亲本为优尼坤×巴拉蒂。1984年杂交。1991年，中国农业科学院原顾问张春男先生从日本引入我国。果穗圆锥形，平均穗重600g，最大穗重1750g。果穗大小整齐，果粒着生疏松。果粒尖卵形，鲜红色或紫红色，平均粒重12g，最大粒重20g。果粉中等厚，果皮薄而韧，无涩味。果肉硬脆，汁多，味甜。每果粒含种子1～3粒，多为3粒，种子与果肉易分离。可溶性固形物含量为17%～19%。鲜食品质上等。在江苏张家港地区，4月3～13日萌芽，5月15～25日开花，8月25日～9月5日浆果成熟。从萌芽至浆果成熟需139～155天。晚熟。

抗病力弱，易感白腐病和炭疽病。此品种为晚熟鲜食品种。适合干旱、半干旱地区种植。在南方栽培，需大棚避雨。

（5）瑞锋无核　欧美杂种。原产地中国。北京市农林科学院林业果树研究所育成，为先锋芽变。2004 年通过了北京市农作物品种审定委员会的审定并定名。果穗圆锥形。自然状态下果穗松，平均重 200～300g，平均果粒重 4.93g，近圆形，果皮蓝黑色，果肉软，可溶性固形物含量 17.93%，可滴定酸含量为 0.615%；无核或有残核，个别果粒有 1 个种子。用赤霉素处理后坐果率明显提高，果穗紧，平均重 753.27g，最大 1065g；果粒平均重达 11.19g，最大 23g；果粉厚，果皮韧，紫红色至红紫色，中等厚，无涩味；果肉较硬，较脆，多汁；风味酸甜，略有草莓香味，可溶性固形物含量为 16%～18%，无籽率 100%。果实不裂果。树势较强，丰产性强。在北京市，该品种 4 月中旬开始萌芽，5 月下旬开始开花，7 月中下旬果实开始着色，9 月中旬果实完全成熟。从萌芽至果实成熟需要大约 150 天。属晚熟品种。

（6）白罗莎里奥　属欧亚种。1976 年日本植原葡萄研究所以 Rosaki×亚力山大红玫瑰杂交选育而成，1987 年 8 月进行品种登录（第 1405 号）。近年引入金华栽培，表现优质、丰产、耐贮运、极晚熟。果穗圆锥形，穗轴柔软，穗形松紧适度，外形美观，平均穗重 650g，最大穗重 1600g，单粒重 8～12g。果粒椭圆形，果皮青绿色，完全成熟呈黄绿色，果皮薄，果粉厚，汁多味浓甜，含可溶性固形物19%～22%，有果香味，品质极佳。果实耐贮运。植株生长势强，易徒长，须及时控梢。在浙江省金华地区，3 月 28 日萌芽，5 月 12 日初花，5 月 15 日盛花，5 月 20 日终花，浆果 8 月 20 日开始成熟，熟期可延至 9 月下旬，12 月上旬进入落叶期。在大棚或避雨栽培条件下，对灰霉病和白腐病抗性较好。

(7) 夕阳红　辽宁省农业科学院园艺研究所选育。欧美杂种，四倍体。1981年以玫瑰香芽变（7601）为母本、巨峰为父本进行杂交育成。1993年9月通过辽宁省农作物品种审定委员会审定。果穗大，长圆锥形，平均穗重1066g，最大达2300g。果粒长圆形，特大而整齐，平均粒重13.8g，最大粒重19.0g；果粒紫红至暗红色，着色一致；果脐明显，果皮较厚，果粉少；果肉与果皮易分离，无肉囊，果汁无色，汁液多，具有浓郁的玫瑰香风味；总糖量为16.63%，总酸量为0.88%，品质上。果实含种子1～4粒，多为2粒，种子大，浅褐色。在沈阳地区，该品种5月初萌芽，6月中旬开花，6月中下旬果实开始生长，9月下旬浆果充分成熟，从芽萌动至果实充分成熟需145天左右。夕阳红是一个大粒、晚熟、耐贮、优质的葡萄新品种，且结果早，丰产稳产，抗病性强，适应性广。

(8) 金田翡翠　河北科技师范学院园艺科技学院等单位选育。欧亚种。2001年以'凤凰51'葡萄作母本，'维多利亚'葡萄作父本进行有性杂交，2010年12月通过河北省林木品种审定委员会的审定，定名为'金田翡翠'。果穗圆锥形，双歧肩，有副穗。平均单穗重920g，果穗较紧密。果粒近圆形，平均单粒重10.6g，大小整齐。果皮黄绿色，着色一致，中等厚、脆、果粉薄。果肉白色，肉质脆，多汁，可溶性固形物含量17.5%，味甜。在冀东地区4月13～16日开始萌芽，6月1～2日为始花期，9月上中旬成熟，从萌芽到浆果成熟需155天左右，属晚熟品种。

(9) 红高　原产日本。欧亚种。为意大利的红色芽变。日本山梨县植原葡萄研究所引进。果穗大多圆锥形，有副穗。果穗大，平均穗重625g，最大穗重1030g，果粒着生紧密，果穗大小整齐。果粒短椭圆形，浓紫红色，着色一致，成熟一致。果粒大，平均粒重9.0g，最大粒重15g，果皮厚，无涩味。果粉中等。果肉脆，靠近种籽处肉质稍软，无肉囊，汁多，果汁黄绿色。味甜，有较浓玫瑰香味。每果粒含种子1.3粒，多为2粒。种子与果肉易分离，无小青粒。可溶性固形物含量为18%～19%，鲜食品质上等。在张家港地区，4月1～9日萌芽，5月15～25日开花，9月1～5日浆果开始成熟。从萌芽至浆果成熟所需天数为147～162天。浆果为晚熟品种。宜采用大棚避雨栽培。

三、主要栽培技术

1. 架式构建

（1）水平棚架　立柱长2.4～2.6m，埋入土中0.5～0.6m，架面高1.8m，柱间距4m。行间立柱对齐，以钢丝替代横杆，架面纵、横各30cm布钢丝，形成水平棚架面。

（2）双十字“V”形架　顺行立柱，柱距4.0m，短柱2.3m，长柱2.7m；埋入土中0.5～0.6m，两边（头）需向外倾30°，并牵引锚石，每根立柱2个横梁，下梁0.6m长，离地1.2m，上横梁1m长，离地1.6m，离地0.8m处立柱两边拉两道钢丝固定，两道横梁离边0.1m处各拉一道钢丝。上用钢管或竹片成拱形架，行与行相连。

2. 棚膜管理

（1）棚膜选择　可选择长寿、无滴、抗老化和透光性好的醋乙烯膜与聚氯乙烯膜为棚膜。厚度，窄棚以0.03mm为宜，宽棚以0.05mm为佳。膜色宜选白色。

（2）覆膜和揭膜时间　以葡萄开始萌动时覆膜；葡萄果实采收后揭膜；霜霉病重的地区，采果后可继续覆膜一段时间，10月上旬再揭膜。

（3）棚膜管理　对于简易避雨拱棚，经常检查压膜带和竹（木）夹，尤其大风期间和大风后，膜带松动要及时整理压紧，竹（木）夹弹掉要及时补夹。棚膜松动、移位，应及时整理，使其保持平展；发现破损及时修补。

3. 温度、湿度和光照调节

（1）温度管理　由于避雨栽培只是遮住棚架上面部分，通风透气条件与露地栽培差异不大。晴天高温，及时揭膜，降低棚温。

（2）湿度的调节　葡萄在幼果期要适当灌水，田间持水量应保持在80%左右。成熟期田间的持水量保持在50%～60%为宜。

（3）光照的调节　选用透光性能良好的无滴膜，并随时除去膜上的尘土和遮光物，以保证最大限度的透光性能；有条件的可在地面铺设反光膜，增加棚内光照；天气晴好，应及时揭膜；通过夏季修剪，疏除过密枝、病虫害枝等，改善架面的光照条件。

4. 土肥水管理

（1）土壤管理　秋末冬初结合施基肥，全园深翻；春、夏季结合施肥适当浅翻。

（2）水分管理　简易避雨拱棚由于采取一畦一棚，下雨时雨水通过棚间隙落入畦沟，再从畦沟逐渐向畦里渗透，可供根部吸收。葡萄发芽至果实膨大期，需水较多，畦沟里始终保持有浅水层，以满足葡萄对水分的需求，连续晴天出现干旱应适当灌水或喷水，使畦面保持湿润。果实采收前15～20天停止灌水，严格控制土壤水分，畦沟不宜积水。采用独体钢架大棚或连栋大棚避雨方式，最好配置滴灌。葡萄整个生长季要灌5次水，包括萌芽水、花前水、花后水、着色水、封冻水。

(3) 肥料管理　早期控制氮肥，增施有机肥，增施磷钾肥，重视叶面肥。中等肥力葡萄园施肥量以公顷计量，N525～600kg，$P_2O_5$450～500kg，K_2O450～600kg。

基肥：10～12月全园施用经无害化处理的有机肥45000kg/hm^2，磷肥752～1500kg/hm^2，深翻入土。

地面追肥：萌芽前10～15天施氮、磷、钾复合肥300kg/hm^2、硼肥450kg/hm^2。生理落果期，施第1次，间隔10天施第2次，复合肥600kg/hm^2。果实第2次膨大期结束后施用硫酸钾450kg/hm^2，优质磷肥300kg/hm^2。果实采收后施氮磷钾复合肥450kg/hm^2。

叶面追肥：要求肥料与水要充分溶解，细点喷射均匀。一般一年喷施2～3次，第一次在花前进行，可喷0.1%～0.3%的尿素和0.1%的硼酸或硼砂；第二次在幼果期，可喷0.3%～0.5%的过磷酸钙或0.2%的氯化钾；第三次在浆果成熟初期，喷施0.2%～0.3%的磷酸二氢钾。叶面追肥，应选择晴天傍晚较好，晴天中午、阴雨天或大风天都不宜喷施。

5. 破眠处理

(1) 破眠剂浓度调制

单氰胺：将50%单氰胺水溶液，加水配制0.5%～4.0%的单氰胺水溶液用以破除葡萄冬芽的休眠。一般使用2%～3%的浓度效果最好。

石灰氮：石灰氮溶液打破休眠需要的高浓度为10%～20%。将粉末状的石灰氮置于非铁容器中，加入5～10倍量的水浸泡24小时后，取上清液，将pH值调为8左右。

(2) 处理技术要点

涂抹时间最好在萌芽前1～1.5月，一季只能使用一次；

将混合好的药剂涂抹于未萌动的芽眼上面，顶端两个不涂；要防止过早使用促萌剂，引起冻害，防止使用浓度过大、使用次数过多引起烧芽，防止使用有机硅等增效剂后又不减用药剂量和浓度引起烧芽。

（3）安全使用

在涂抹时，使用者要佩戴手套和口罩，防治药水沾到手上，灼烧皮肤；使用后认真清洗使用工具；未使用完的药水，应在无阳光直射，低温的环境当中保存，或深埋剩余药剂，确保人畜安全。

6. 整形修剪

避雨设施栽培、整形、修剪方法与露地栽培基本相似。欧亚种葡萄，冬季修剪采用双枝更新法，以中、长梢修剪相结合，控制结果部位外移。整形采用“T”架面，“V”形叶幕或水平叶幕。欧美杂交种葡萄品种冬季修剪，以长梢修剪为主，结合中、短梢修剪，选生长中庸充实枝条。葡萄伤流期前完成冬季修剪。萌芽后，抹除副芽、侧芽，待可以分辨花序时，疏除弱、旺、密梢，尽量保留生长一致、带花序的中庸梢，及时绑蔓、摘心。

（1）棚架整形修剪

棚架单干双臂形水平叶幕整形修剪。又称棚架“T”形水平叶幕整形修剪。

定植苗发芽后，选留1个新梢，立支架垂直牵引，抹除水平棚架高度以下的所有副梢，待新梢高度超过水平棚架高度时，摘心，培养主干。

从主干顶端摘心口下所抽生的副梢中选择2个对生副梢相向水平牵引，主蔓保持不摘心的状态持续生长，直至封行后再摘心，培育成主蔓。

主蔓上直接配置结果母枝。主蔓叶腋长出的二级副梢一律留3～4片叶摘心。对二级副梢萌发出三级副梢基部2～3个三级副梢抹除，只留第1个芽所发的三级副梢生长，适时牵引其与主蔓垂直生长，形成结果母枝。在结果母枝长度达到1米左右后留0.8～1m时摘心，摘心后所发四级副梢一律抹除。当年12月至次年2月上旬前进行冬季修剪，结果母枝一律留1～2芽短截（超短梢修剪）。对成花节位高的品种，则采用长梢与更新枝结合的修剪。即长留一个5～8芽结果母枝时，在其基部超短梢修剪一个母枝作预备枝（图2-15）。

图2-15　T字形葡萄整形方式（见彩图）

（2）棚架H形水平叶幕整形修剪

定植苗发芽后，选留1个新梢，立支架垂直牵引，抹除水平棚架高度以下的所有副梢，待新梢高度超过水平棚架高度时，摘心，培养主干。

主干长到预定高度时摘心，从主干上部选留的2个一级副梢沿行向水平牵引培养成中心主蔓，长度超过1米时摘心到90～100cm，选取摘心口下萌发的2个二级副梢，与行向垂直牵引，培养成两个水平、平行主蔓。肥水充足时主蔓可保持不摘心的状态持续生长，同时对叶腋间萌发出的三级副梢，全部留3～4片叶摘心，以促进花芽分化和主蔓延伸生长。

主蔓上直接配置结果母枝。主蔓叶腋长出的二级副梢一律留3～4片叶摘心。对二级副梢萌发出三级副梢，基部2～3个三级副梢抹除，只留第1个芽所发的三级副梢生长，适时牵引其与主蔓垂直生长，形成结果母枝。在结果母枝长度达到1米左右后留0.8～1m时摘心，摘心后所发四级副梢一律抹除。当年12月至次年2月上旬前进行冬季修剪，结果母枝一律留1～2芽短截（超短梢修剪）。对成花节位高的品种，则采用长梢与更新枝结合的修剪。即长留一个5～8芽结果母枝时，在其基部超短梢修剪一个母枝作预备枝。

（3）篱架整形修剪

篱架单干双臂形“V”叶幕整形修剪。又称篱架“T”形“V”叶幕整形修剪。

栽植当年，苗木萌芽后选留一个生长健壮的新梢（为了防止意外损伤也可保留2个），让其自由垂直沿架面向上生长，培养主干。

7月初，当主干高度超过90cm可在第一道镀锌钢丝摘心截，其下留两个副梢，至8月中旬剪截，当年初步形成两个臂，培育成主蔓。

冬季修剪时两个臂视粗度留4～6芽修剪；第二年春季萌芽前将两个一年生臂水平绑缚于第一道镀锌钢丝，选留延长头平行生长到树时摘心。2～3 个结果枝梢沿 V 形架面向上生长；冬季修剪时，将每个臂副梢其余按一定距离进行短梢或中梢修剪（视品种而定），若为中梢修剪，应在临近部位留 2～3 芽的预备枝。第三年春季萌芽后，选留一定量的结果枝（间距 16～20cm，视品种而定）沿 V 形架面绑缚；冬季修剪时按预定枝组数量进行修剪，即每个臂上形成 2～4 个结果枝组，每个结果枝组上选留 2～3 个结果母枝进行短梢或中梢修剪，若为中梢修剪应在基部留 2～3 芽的预备枝 1 个，其余按 3～5 芽修剪。

（4）篱架单干双臂形直立叶幕整形修剪

冬季修剪时一年生枝在第一道镀锌钢丝之上保留 4～6 芽（视粗度而定）修剪。第二年春季萌芽前将一年生枝沿同一方向绑缚于第一道镀锌钢丝，选留适量新梢垂直沿架面生长，其中在第一道镀锌钢丝之下必须保留一个新梢作为另一条臂培养；冬季修剪时，将上年已形成臂顶端的一年生枝按中长梢修剪（长度不宜超过下一个植株），其余按一定距离进行短梢或中梢修剪（视品种而定），若为中梢修剪，应在临近部位留 2～3 芽的预备枝；当年选留的另一个臂留 4～6 芽修剪。第三年春季萌芽后，选留一定量的新梢（间距10～15cm，视品种而定）垂直沿架面绑缚；冬季修剪时按预定枝组数量进行修剪，即单臂上形成 3～4 个结果枝组，每个结果枝组上选留 2～3 个结果母枝进行短梢或中梢修剪，若为中梢修剪，应在基部留 2～3 芽的预备枝 1 个，其余按4～6 芽修剪。

7. 花果管理

（1）疏花疏果

疏花：疏花应根据葡萄品种而定。对于结实力强，花序偏多，坐果率高品种，花期应去除部分花序。花序分散后，疏除去细弱的花穗，每条结果蔓留一穗花，个别强壮的可留二穗花，弱蔓一般不留穗花。欧美杂交种葡萄在开花前疏除部分花序，保留3～5cm穗尖，上部小花序也全部疏除；欧亚种葡萄在开花前疏除保留8～10cm穗尖。每个结果母枝上都会有1～2个花序坐果，一般每枝保留1穗果。一般欧美杂交种葡萄花期前后结果枝长度在40cm以上的，每枝选留2花穗；结果母枝长度在20～40cm的，每枝选留1花（果）穗；结果母枝长度在20cm以下的不留花穗。具体操作应根据结果母枝长度灵活掌握。

疏果：中大粒品种每穗控制40～60粒、小粒种留80～100粒。疏去圆粒无籽果、瘦小、畸形、果柄细弱、朝内生长的果。

（2）果实套袋

在避雨设施条件下，使用套袋技术，可更有效提高葡萄品质。套袋期应选择葡萄坐果后20天至果实第一次膨大末期。套袋前，先对果穗进行适当修整，剔除小果、畸形果，然后用70%甲基托布津可湿性粉剂800倍液喷洒果穗。果实成熟前7～10天，在晴好天气，及时去袋，利于果实着色（图2-16）。

8. 病虫害综合防治

（1）休眠期

葡萄芽萌动时，全园喷施3～5°Bé石硫合剂。

（2）萌芽至开花前

重点防治绿盲蝽、螨类、介壳虫、毛毡病、白粉病等病虫害，

葡萄2～3叶期：用10%苯醚甲环唑1500～2000倍防治白粉病；用杀虫剂和杀螨剂混合使用10%歼灭2000倍＋15%哒螨灵2000倍防治绿盲蝽、螨类、介壳虫、毛毡病等

图 2-16　葡萄果实套袋技术（见彩图）

虫害，10%苯醚甲环唑 1500～2000 倍+杀虫杀螨剂防治虫害兼治白粉病。

花序分离期：78%科博 800 倍+20%速乐硼 3000 倍+40%嘧霉胺 1000 倍。

开花前：10%苯醚甲环唑 1500 倍+50%多霉威 1000 倍（+杀虫剂）

（3）花后至果实套袋

虫害重点防治介壳虫、斑衣蜡蝉、透翅蛾、红蜘蛛等，病害重点防治灰霉病、白粉病。

谢花后使用 40%氟硅唑 8000 倍+杀虫剂（比如 10%歼灭 2000 倍），防治介壳虫、斑衣蜡蝉、透翅蛾、红蜘蛛、白粉病等。

封穗前用50%多霉威1000倍、40%嘧霉胺1000倍、50%腐霉利1200倍等应交替使用，防治灰霉病。

套袋前用22.2%戴挫霉1200倍+杀虫剂（比如10%歼灭2000倍）喷果穗或涮果穗。

（4）套袋后至采收

重点防治白粉病，螨类。

果实转色时使用12%可湿性粉剂腈菌唑1500～2000倍。

成熟期时使用80%必备400倍+10%歼灭2000倍。

（5）采收揭膜后

重点防治霜霉病、黑痘病。采收后，使用1次铜制剂，比如波尔多液200倍［1∶(0.5～0.7)∶200］或80%必备400～500倍，之后15天左右1次。如果发生霜霉病，首先使用80%必备400～500倍+50%科博1500～2000倍，7～10天后再使用1次铜制剂。霜霉病发生较重园区，首先使用80%必备400～500倍+50%科博1500～2000倍，7天后再使用80%必备400～500倍+50%霜脲氰2500倍，10天后再使用1次铜制剂。

9. 采后管理

（1）采后及时揭膜　一般可在葡萄采收后揭膜，揭膜后数月，蔓叶在全光照下生长，有利蔓叶营养积累，有利花芽进一步分化。

（2）合理施肥　葡萄采收完毕，要及早施足、施好采后肥，结合喷药施3～4次0.3%尿素+0.2%磷酸二氢钾，能有效提高叶片光合效率，恢复树势，增加树体营养积累。在结果多，树势弱情况下，可增施部分速效性氮肥，$667m^2$施人粪尿50kg+碳铵15kg。在树势很弱情况下，再加三元复合肥或果树专用肥$15kg/667m^2$。基肥是葡萄园施肥中最重要的一环，秋施基肥愈早愈好，一般9月中旬最为适宜，最迟不过11月中旬，施氮、磷、钾三要素配合，每穴施入腐熟猪、牛、羊栏肥15kg，硫基三元复合肥0.5kg，然后用细土覆盖。

(3) 保护秋叶　采收后保护叶片，增强叶片的光合能力，对增加树体贮藏养分有重要作用。生长后期严格控制退菌特等硫制剂农药施用，以防叶片过早老化和降低光合强度，一般情况下，除巨峰品种外，果实采收后，应尽量少用或不用打老叶。采收后病虫害防治十分重要，尤其是霜霉病、白粉病、金龟子、葡萄天蛾等。造成全树过早落叶，逼使冬芽晚秋萌发，严重影响树体营养积累，花芽分化和来年生长结果，必须十分重视。在揭膜后至落叶前每隔15天左右喷一次300倍乙磷铝或1000倍瑞毒霉，能有效防治病害发生。用2.5%敌杀死防金龟子、葡萄天蛾等，还要结合秋、冬修剪，将果园内的枯枝落叶、病虫僵果彻底清除、集中销毁，降低病虫越冬基数，减轻翌年病虫为害。

(4) 中耕松土　因采摘管理等操作频繁，土壤易被踏实，采果后应立即进行一次中耕松土，增加土壤的疏松透气性，促发新根，深度为25cm为宜。

(5) 抗旱防涝　干旱对植株叶片影响最大，常引起叶片过早地枯死和脱落，不利树体积累养分。葡萄常临秋旱威胁，因此要注意灌溉。如果连续出现15～20天干旱晴天，必须进行灌溉，可选用沟灌和穴灌等方式。沟灌是在葡萄行间开沟，宽25cm，深20～25cm，与灌溉水道垂直，行距3m的成年葡萄园在两行间开一条沟即可，穴灌是在主干周围挖穴，将水灌入其中，以灌满为度，穴的数量依树龄大小而定，每个直径30cm，穴深以不伤根为准，灌后将土还原，严禁漫灌、猛灌、久灌。采果后遇台风、涨大水要及时排水除涝。

第三章
设施草莓生产技术

草莓是世界各国普遍栽培的一种浆果植物，果实色泽艳丽、柔软多汁、酸甜爽口、香味浓郁、营养丰富、老少皆宜，深受广大消费者喜爱，被视为果中珍品。我国是世界草莓主要生产国之一，南自海南、北至黑龙江、东自上海、西到新疆的广阔区域内均有大面积的草莓种植，栽培面积和产量世界领先。随着工业的发展，农膜、钢管材料等在农业生产中的应用，以及成花容易、成熟早、且休眠短的品种育成，草莓设施生产自上世纪 90 年代开始发展以来，发展十分迅速。目前设施面积已居世界第一，据中国园艺学会草莓分会统计，2010 年全国草莓设施栽培面积为 95770hm^2，占全国草莓栽培总面积的 83.92%。

设施草莓与其他果树相比，具有生长周期短、见效快、种植效益高等特点，已成为元旦、春节期间的畅销果品。

第一节　草莓栽培的主要设施与栽培方式

一、主要设施

草莓生产主要设施有塑料棚包括大棚、中棚、小棚，联栋大棚，日光温室等。

塑料大棚：通常以竹木、钢材为拱形骨架，主要有竹木结构、钢架结构、混合结构、管材组装大棚。

塑料中棚：以毛竹片、竹竿、钢管等为拱形骨架，其棚体大小、结构的复杂程度，以及成本投资小于塑料大棚。

塑料小棚：用毛竹片、竹竿、荆条等做架材，做成小拱棚，为临时性起到保温作用。

联栋大棚：由多个（通常 3～5 个）钢架单栋大棚连在一起组成的大棚。

日光温室：有多种类型，其结构主要由墙体、温室支撑构架和采光面 3 部分组成。成本高、保温性能好。

二、栽培方式

设施草莓栽培方式主要有促成栽培、半促成栽培、抑制栽培。

促成栽培：是最早上市的栽培形式，一般在草莓休眠前进行保温，花芽分化阶段之后直接进入出蕾开花。在我国北纬 33°～43°地区，宜采用高效节能日光温室（图 3-1），而在长江流域以及南方地区宜采用塑料大棚（图 3-2）。所用品种，选择以浅休眠品种为宜。

半促成栽培：草莓植株遭受一定量的低温，通过生理休眠时，开始给予促进解除休眠的措施，促进其生长和开花结果。不同品种的休眠期差异很大，所以开始保温的具体日期要根据选用品种打破休眠要求的低温时日而定，另外还需考虑设施的性能与结构。半促成栽培所用设施，北方多为普通日光温室、塑料薄膜大中拱棚，南方多采用塑料薄膜大中拱棚（图 3-3）。半促成栽培最关键的是掌握好保温适期。

抑制栽培：把在自然条件下已形成花芽并已通过生理休

图 3-1　草莓日光温室促成栽培（见彩图）

图 3-2　草莓塑料大棚促成栽培（见彩图）

图 3-3　草莓塑料大棚半促成栽培（见彩图）

眠的植株，冷藏起来（冷藏温度：零下 2～0℃），使之被迫处于休眠阶段，需要栽植时再出库定植，使其生长和结果。

第二节　草莓促成栽培技术

一、品种选择

进行草莓生产时，要达到优质、高产、高效益的目的，对于种植户来说，首先要考虑的是品种问题。草莓品种繁多，种类丰富，区域性强。不同的草莓品种之间，其花芽分化所需温度及日照条件，休眠所需低温积累量等存在差别，而不同的栽培方式需要选择与其相适应的品种。设施促成栽培是一种促进提早果实上市时间的栽培方式，以早熟、优质、高产为目标，但设施草莓促成栽培正值寒冷的冬季，低温、弱光等不利条件容易导致畸形果增多，果实着色不良、品质降低。因此，在品种选择上应选用花芽分化容易、休眠浅的品种，且耐寒性强，长势强，花粉多而健全，果实大小整齐，畸形果少，产量高，品质好的品种。目前，适合设施促成栽培的品种有宁玉、宁丰、红颊、章姬、雪蜜、丰香、明宝、佐贺清香、女峰、枥乙女等。在选择品种时，还应结合当地气候特点、产品用途、市场需求、产地交通和自己的经济与技术水平等诸多因素进行综合考虑。现将设施生产中栽培的品种及最近选育的适宜设施促成栽培的品种介绍如下：

1. 宁玉

系江苏省农业科学院园艺研究所于2005年以‘幸香’为母本，‘章姬’为父本杂交育成。具有早熟、丰产、优质、抗病等特点。

果实圆锥形，果个均匀整齐，一二级序果平均果重为20.3g；果面红色，光泽强；果肉红色，髓心橙色；风味极佳，甜香浓，酸味很淡，可溶性固形物10.7%，硬度$0.32kg/5mm^2$（图3-4）。

植株长势强，株态半直立；叶片椭圆形，大而厚，叶色绿；花中大，冠径2.9cm左右；耐热耐寒，抗白粉病，较抗炭疽病。

2. 宁丰

系江苏省农业科学院园艺研究所于2005年以‘达赛莱克特’为母本，‘丰香’为父本杂交育成。

果实圆锥形，外观整齐漂亮，大小均匀一致，一二级序果平均果重为22.3g，最大果重47.7g。果色红，光泽强，果肉橙红。风味香、甜、浓，可溶性固形物9.2%，硬度$0.33kg/5mm^2$。其风味口感达到现主栽品种水平，其硬度

图 3-4 草莓品种‘宁玉’（见彩图）

高于明宝，果实大小均匀度高于红颊，外观优于丰香。其丰产性大大高于现主栽品种（图 3-5）。

植株长势强，株态开张；叶片圆形，叶色绿；花大，冠

图 3-5 草莓品种‘宁丰’（见彩图）

径 3.2cm 左右；耐热、耐寒性强，抗炭疽病，较抗白粉病。

3. 晶瑶

系湖北省农业科学院经济作物研究所于 2000 年以‘幸香’为母本，‘章姬’为父本杂交育成，2008 年通过湖北省农作物品种审定委员会审定。

果实略长圆锥形，整齐，外观美，畸形果少，果形大，一级序果平均单果重 29.6g；果实鲜红色，着色一致，富有光泽；种子分布均匀，黄绿色、红色兼有，稍凹入果面；果肉鲜红，细腻、质脆，味浓，口感好，髓心小、白色至橙红色；果实硬度较丰香大，耐贮性好。

植株长势强；叶片长椭圆形，嫩绿色；花瓣单层，白色，花粉量大；每株花序 3～5 个；匍匐茎红绿色，粗，分枝生长，可以繁殖有效苗 40 株左右；育苗期易感炭疽病，大棚促成栽培抗灰霉病能力与‘丰香’相当，抗白粉病强于‘丰香’。

4. 久香

系上海市农业科学院林木果树研究所于 1995 年以‘久能早生’为母本，‘丰香’为父本杂交育成，2007 年通过上海市农作物品种审定委员会审定。

果实圆锥形，较大，一、二级序果平均单果重 21.6g，整齐；果面橙红富有光泽，着色一致，表面平整；种子密度中等，分布均匀，红色，稍凹入果面；果肉红色，髓心浅红色，无空洞；果肉细，质地脆硬；汁液中等，甜酸适中，香味浓；设施栽培可溶性固形物含量 9.58%～12%，露地栽培平均为 8.63%。

植株长势强，株形紧凑；花序高于或平于叶面，每株 4～6 序，每序 7～12 朵花；匍匐茎 4 月中旬开始抽生，有分歧，抽生量多。田间调查结合室内鉴定，对白粉病和灰霉病的抗性均强于‘丰香’。

5. 黔莓1号

系贵州省农业科学院园艺研究所，以‘章姬’为母本，‘法兰帝’为父本杂交育成，2010年通过贵州省农作物品种审定。

果实圆锥形，鲜红色；果肉橙红色，风味酸甜适口；可溶性固形物含量9.0%～10%；果实硬度较大，贮运性较好；平均单果重26.4g，单株平均产量290.4g，亩产2300～2600kg。

植株高大健壮，生长势强，分蘖性中等；早熟，匍匐茎发生容易；叶近圆形，绿色，叶片大而肥厚；花序连续抽生性好，单花序花数8～12枚；耐寒性、耐热性及耐旱性较强；抗白粉病、炭疽病能力强，抗灰霉病能力中等。

6. 黔莓2号

系贵州省农业科学院园艺研究所，以‘章姬’为母本，‘法兰帝’为父本杂交育成，2010年通过贵州省农作物品种审定。

果实短圆锥，鲜红色；果肉橙红色，香味浓郁，风味酸甜适口；可溶性固形物含量9.5%～11%；果实硬度较大，贮运性较好；平均单果重25.2g，单株平均产量268.8g，亩产2200～2400kg。

植株高大健壮，生长势强，分蘖性强，早熟，匍匐茎发生容易；叶大近圆形，黄绿色；花序连续抽生性好；耐寒性、耐热性及耐旱性较强；抗白粉病、炭疽病能力强，抗灰霉病能力中等。

7. 天香

系北京市农林科学院林业果树研究所，于2001年以‘达赛莱克特’为母本、‘卡麦罗莎’为父本杂交育成，2008

年通过北京市林木品种审定委员会审定。

果实圆锥形，橙红色，有光泽，种子黄、绿、红色兼有，平或微凸果面；果肉橙红色，风味酸甜适中，香味较浓，可溶性固形物含量8.9%。

植株长势中等，株态开张；叶圆形，绿色，叶片厚度中等，叶面平，叶尖向下，叶面质地较光滑，光泽中等；花序梗中粗，低于叶面，花序抽单花，单株花总数27朵以上。

8. 雪蜜

系江苏省农业科学院园艺所，于1996年将日本宫本重信先生赠送的草莓试管苗（品种不详）经组培诱变选育而成。2003年通过江苏省科技厅组织的专家组的鉴定。

果实圆锥形，较大，一、二序果平均单果重22.0g左右，最大果重可达45.0g；果形整齐，果面平整，红色，光泽强，果基无颈、无种子带；花萼较大，单层，平离，主萼先端缺裂；种子分布稀且均匀，平于果面，颜色红、黄绿兼有；果实韧性较强，果肉橙红色；髓心橙红，大小中等，无空洞或空洞小；香气浓，酸甜适中，品质优，可溶性固形物含量11.5%左右。

早熟品种，植株长势中等偏强，半直立；叶片大，近椭圆形，中等厚，边向上，深绿，单株着生7～8片叶，叶片粗糙，叶柄长16cm左右，叶梗基部稍红褐色；花序梗斜生，平于或低于叶面，单花序花数7～9朵，两性花；休眠浅，较抗白粉病。

9. 燕香

系北京市农林科学院林业果树研究所，于2001年以‘女峰’为母本、‘达赛莱克特’为父本杂交育成，2008年通过北京市林木品种审定委员会审定。

果实圆锥形或长圆锥形，橙红色，有光泽，种子黄、绿、红色兼有，平或微凸果面；果实大，果梗长，一、二级序果平均单果重 33g；果肉橙红色，风味酸甜适中，有香味，可溶性固形物含量 8.7%。

植株长势较强，株态较开张；叶圆形，绿色，叶片厚度中等，叶面平，叶尖向下，叶面质地较光滑，光泽中等；花序梗中粗，低于叶面。抗病性强，丰产性好，耐贮运。

10. 丰香

系日本农林水产省蔬菜茶叶试验场，于 1973 年以‘绯美子’与‘春香’杂交育成，1984 登录发表，1985 年引入我国。

果实短圆锥形或圆锥形，整齐，美观，果面鲜红色，较平整，富有光泽；果肉淡红或白色，汁多肉细，空洞很小，富有香气，风味甜酸适中，其可溶性固形物为 8%～13%；果肉较硬且果皮较韧，耐贮运；一般果重 11～15g，最大果重可达 25g（图 3-6）。

图 3-6 草莓品种‘丰香’（见彩图）

早熟品种，生长势强，株型较开张；叶片大而近圆，叶厚且浓绿，植株叶片数少，发叶慢；匍匐茎发生量较多，平均每株抽生匍匐茎 14 条左右，匍匐茎较粗，皮呈淡紫色；发根速度较慢，根群吸肥力很强，以粗的初生根居多，细根少；坐果率高，花器大，花粉量多，第一花序花数约 16.5 朵，第二花序的花数为 11 朵左右；打破休眠需要 5℃以下的低温 50～70 小时，休眠浅；耐热、耐寒性均较强。

11. 红颊

系日本静冈县农业试验场，于 1994 年以‘章姬’与‘幸香’杂交育成的草莓新品种，2002 年登录发表，1999 年引入我国。

果实为长圆锥形，比章姬短，果形整齐，具有光泽，外形美观；果面红色，果肉浅红色，果实空洞极小，香味清淡，果肉细腻，味浓，含糖量高，可溶性固形物 10%。果实硬度比章姬硬，耐贮运；平均单果重 13～16g 左右，比章姬、幸香大。

早熟品种，顶花芽分化比章姬迟 3～4 天；植株长势强，直立，生长健壮；叶大绿，匍匐茎抽生能力不强，花序平于叶面，花茎粗壮直立。耐低温能力强，在冬季低温条件下连续结果性好，但耐热耐湿能力弱，不抗炭疽病和白粉病；土壤干燥，施肥过多，果萼会出现焦枯现象（图 3-7）。

12. 枥木少女

系日本枥木县农业试验场枥木分场，于 1990 年以大果、产量高的‘久留米 49 号’为母本，大果、味美的‘枥峰’为父本杂交育成，1996 年获品种登记，于 1998 年引入我国。

果形圆锥形，果色鲜红，光泽强；种子平或微凸出果面；萼片黄绿色，翻卷；果肉淡红色，髓心小，稍空，红

图 3-7　草莓品种‘红颊’（见彩图）

色，肉质细，香气浓，糖度高，可溶性固形物达 10%左右，酸度低，仅 0.7%，糖酸比要比女峰、丰香高；平均单果重 15g 左右，最大果重 50g 以上，果皮果肉硬，耐贮性好（图 3-8）。

植株长势较强，生长较直立，叶大而厚，呈圆形，深绿，叶柄长度比明宝、女峰短，但比丰香长，小叶比女峰稍大，比丰香稍小；花序形态介于直枝型和分枝型两者间，第一侧花序大多从基部分枝，呈直枝型，第二侧花序以后大多呈分枝型，花序长度比丰香长，但比女峰短；匍匐茎苗生长较好，发生量较多；植株耐高温能力差，不抗炭疽病、白粉病。

13. 明宝

系日本兵库农业试验场，于 1973 以‘春香’为母本、以‘宝交早生’为父本杂交育成，1978 年品种登录。1982

图 3-8　草莓品种‘枥木少女’（见彩图）

年引入我国。

果实短圆锥或圆锥形，中等大，果面鲜红，稍有光泽，果肉白色松软，果心不空，汁液多，风味酸甜，有独特的芳香味，可溶性固形物含量为 9.4%～12.4%；平均单果重 11g，最大果重 20g；果实耐贮性差。

早熟品种，植株长势中等，株态较直立；叶中等偏大，长圆形，较厚，叶色较绿，柔软，无光泽；花序梗斜生，低于叶面，每单株一般有 3 个花序，每花序着生 7 朵小花；匍匐茎发生数比宝交早生稍少，根系发达；休眠浅，在 5℃ 下 70～90 小时即可打破休眠；抗灰霉病、炭疽病及白粉病。

14. 幸香

系日本蔬菜茶叶试验场久留米分场，于 1987 年以‘丰香’与‘爱莓’杂交育成的草莓新品种，2000 年登录发表。1999 年引入我国。

果实为圆锥形或长圆锥形，果形较整齐，果面红色至深红色，具有光泽，外形美观；果肉浅红色，香味稍淡，果肉细腻，味道较浓，含糖量高，可溶性固形物 10%～15%，维生素 C 含量也很高，每 100g 果肉含维生素 C70mg 以上。果实硬度比丰香大 20%左右；平均单果重 10～14g 左右，最大果重 30g，与丰香相近。

中熟品种，成熟期晚于丰香；植株长势中等，半直立，生长健壮；叶片小，稍呈长圆形，比丰香厚，颜色浓绿，叶柄长度及植株高度与丰香接近；匍匐茎与子苗的发生量较丰香多；幸香打破休眠所需 5℃以下的低温量大致为 150～200 小时，比丰香稍长（图 3-9）。

图 3-9　草莓品种‘幸香’（见彩图）

15. 章姬

系日本静冈县民间育种家荻原章弘，于1985年用‘久能早生’与‘女峰’杂交育成，1992登录发表。1997年引入我国。

果实呈长锥形或长纺锤形，果形端正整齐，畸形果少；果色鲜红色，富有光泽，果肉细腻、较软，淡红色，髓心充实，粉白色，甜度高，酸味淡，可溶性固形物含量为11%～14%；平均单果重15～20g，最大单果重达48g。

早熟品种，生长势旺盛，植株高大，株形直立，平均株高一般为26～34cm；叶形呈长圆形，叶片大而厚，叶片数少，叶色浓绿，有光泽；匍匐茎抽生能力强，繁殖系数高于丰香，平均每株抽匍匐茎18条，匍匐茎粗，呈白色；花序低于叶面，柄粗蕾大，花芽分化容易且分化时间早，花轴较长，平均单株有花序4个，每花序平均有小花12.6朵，成花率、坐果率都高；章姬休眠程度浅，草莓完成自然休眠仅需5℃以下积温50～100小时，花芽分化对低温要求不太严格，花芽分化比丰香早1周左右；植株耐寒能力强，不抗炭疽病，抗白粉病性虽好于丰香，但也较弱（图3-10）。

16. 甜查利

系美国佛罗里达大学海岸研究和教育中心，于1986年以‘FL80-456’（1981年选出的抗炭疽病优系）为母本、‘派扎罗’（Pajaro）为父本杂交育成。2000年引入我国。

果实圆锥形，大小整齐，畸形果少，表面红色有光泽，果肉橙红色，髓心大小中、空洞小，肉质松，香浓，味甜，可溶性固形物含量达8.1%以上；果大，第一级序、第二级序果平均重16g以上；果实硬度中等。

早熟品种；植株健壮，生长势强，株态直立；叶片近圆形较厚，叶色绿，叶缘锯齿钝，叶柄粗壮有茸毛；每株有花

图 3-10 草莓品种‘章姬’（见彩图）

序 3 个，花序低于叶面；丰产；抗灰霉病性稍差。

17. 紫金四季

系江苏省农业科学院园艺研究所于 2006 年以‘甜查理’为母本，‘林果’为父本杂交育成。具有四季结果、丰产、优质、抗病等特点。

果实圆锥形，红色，光泽强，外观整齐；果基无颈无种子带，种子分布稀且均匀，平均单质量 16.8g，最大果质量 48.3g。果肉红，髓心中，微有空隙；味酸甜浓。在南京地区设施促成栽培整个生产期平均可溶性固形物 10.4%，硬度 2.19kg/cm^2。夏季结果期可溶性固形物含量 10.3%，硬度为 2.36kg/cm^2。果大丰产。耐热，抗炭疽病、白粉病、灰霉病等多种病害。

在南京地区大棚促成栽培，9 月上旬定植，头序花于 10 月中旬显蕾，10 月中下旬始花，11 月下旬果实初熟，始花期与初熟期与‘丰香’相当，其后二序、三序花依次开花结果。于次年5月促成栽培结束后，不同于短日照品种，在炎热的夏季7～8月可连续开花结果（图3-11）。

植株半直立，长势强，在南京地区大棚栽培1月份株高9.5cm，冠径20.8×22.7cm。叶片黄绿色，叶面粗糙，厚，近圆形，叶片长7.5cm，宽7.2cm，叶柄长7.5cm，叶柄叶面茸毛多。坐果率高，畸形果少。花序无分歧，直立粗壮，每花序7～9朵花。

图3-11　草莓品种‘紫金四季’（见彩图）

二、育苗与定植

1. 育苗

（1）育苗地的选择　选择土地平整，肥沃疏松的沙壤土，排灌方便，背风向阳，未种过草莓的微酸性（pH6.5）地块。在南方多雨地区，选择地下水位低的地块，避免梅雨季节排水不畅，造成积水死苗。

（2）育苗地的整理　育苗田块选好后，越冬前进行深翻、冻垡，一方面可消灭一部分病原菌及害虫，另一方面，有利于土壤的疏松。开春后草莓定植前，要施入充足的基肥，每 $667m^2$ 施入过磷酸钙 30kg，腐熟有机肥 3000～5000kg 或腐熟菜籽饼 100kg，同时施入 50%辛硫磷 0.5kg，以去除地下虫害。结合施基肥，再一次深翻土地，平整地面。耕匀耙细后，作成宽 1.2～1.5m，高 20～30cm，沟宽 20～30cm 的畦。在南方夏季多雨地区，必须采取高畦深沟，排水要十分通畅（图 3-12）。

图 3-12　南方草莓避雨育苗和遮光育苗（见彩图）

（3）育苗母株定植与管理

① 母株选择：应选择无病毒健壮植株作为母株。对于易感炭疽病的品种如红颊，最好选用组培苗作为育苗母株。

② 母株定植：一般在 3 月中旬～4 月初进行定植，定植密度根据品种的繁殖系素确定，一般每 $667m^2$ 需要母株 600～1000 株。定植时，当畦面较宽时，采用每畦定植 2 行，距畦边 25cm 左右各定植一行，当畦面不宽时，采用每畦中央定植 1 行。

③ 母株管理：母株栽种后，立即灌足水，次日再复水 1

次。母株成活后，施1次尿素，隔15～20天再施1次尿素，施用量不宜过高，以免引起烧苗，每$667m^2$施肥10kg，可直接施在母株周围，无需全园撒施，施肥掌握在临下雨之前为好，也可浇施，浓度为0.2%～0.3%为宜。及时摘除母株上的花蕾和花序、枯黄老叶及病叶，结合松土进行人工除草。

（4）子苗管理

母株抽生匍匐茎后，自匍匐茎第二节开始有不定根发生，并扎入到土中形成子苗。为了培育健壮的子苗，繁苗期间要做好以下几点：

① 匍匐茎整理：母株开始抽生匍匐茎后，要定期检查，及时将匍匐茎苗理顺，将相互靠得太近的匍匐茎适当拉开，使子苗尽可能分布均匀，保证其有足够的生存空间。对于后期所抽生的匍匐茎，因苗龄短，难以形成壮苗，应及时剪除，以减少田间郁闭，保证早期子苗的健壮生长。

② 及时压蔓：匍匐茎抽生初期先向上生长，接近叶面高度时向下匍匐生长。为了使匍匐茎偶数节上发生的不定根及时扎入土中，应在子苗具有第2张展开叶时进行压蔓，采取的方法是将新抽生的子苗近前的匍匐茎用泥块压牢，需要注意的是不能压断。

③ 土肥水管理：匍匐茎抽生前，结合除草进行中耕，保持土壤疏松，以便匍匐茎苗的扎根和生长。子苗根扎入土中后，每隔15～20天浇1次0.2%～0.3%复合肥，如苗长势弱，可浇0.2%～0.3%的尿素水，8月上旬后停止使用氮肥，追施0.2%左右磷、钾肥以促进花芽分化；水分管理应掌握保持土壤湿润而不积水的原则，雨季到来时应注意排水防涝，尤其在南方雨后高温季节，特别要加强水分管理，及时清沟排水，必要时可使用遮阳网降温，以免高温高湿灼伤

幼苗。为了很好地培育壮苗，根据不同草莓品种的特性、母株定植密度控制草莓的繁苗数量很重要，一亩田的育苗数量以控制在3～3.5万株左右为宜。

④ 病、虫、草害治理：草莓繁苗期间，要做好病、虫、草害的治理工作。对于危害草莓子苗的炭疽病和叶斑病、蛴螬和斜纹夜蛾等的防治，可参照第四节对这些病、虫害的防治方法进行。对草莓草害，结合松土进行人工除草。

（5）种苗标准

具有成龄叶片4片以上，叶柄、叶色正常，中心芽饱满，新茎粗1.0厘米以上，须根多而粗白，分布均匀、舒展，无病虫害。

2. 定植

（1）定植前准备

① 土壤消毒：目前，通常利用太阳能进行土壤消毒。具体做法是：在草莓收获后及早拔除残茬，耕翻，以较高的种植密度种上玉米等夏季禾本科作物；6月下旬等梅雨季节一过随即割青玉米或结合增施有机肥均匀撒施，就地翻耕埋入土中，再做成60～70cm宽的小垄，因为小垄能提高土壤的地温；灌水量以土壤处于饱和水分状态为宜，水要尽量一次灌足，因为中途添水会降低地温；用塑料薄膜将畦面覆盖，四周压实，有利于提高地温；一般在8月10日左右撤除地面塑料薄膜，消毒结束。

在太阳能消毒的基础上，添加石灰氮，可增加消毒效果，使土壤消毒更为彻底。因为石灰氮在湿润的土壤中发生化学变化，其中间产物的毒性能杀灭土壤中有害生物，并最终转化为氮肥，对环境没有任何副作用。石灰氮使用量为每亩50～75kg，在太阳能消毒施入有机肥时一并施入，耕翻做垄，其他步骤同太阳能消毒法。或者采用草莓、水稻轮作进行土壤消毒（图 3-13）。

图 3-13 草莓、水稻轮作克服连作障碍（见彩图）

② 施基肥：为生产出优质草莓，必须施用以畜禽粪肥及秸秆类等为主要材料，经充分发酵腐熟的有机质肥料作基肥，每亩用量 3000～4000kg，另加磷肥 35kg，钾肥 15kg（或施过磷酸钙每亩 40kg，复合肥每亩 40kg）。耕翻过后施入，再用拖拉机旋转犁打田、碎土。如果堆厩肥不足，可用事先沤制发酵、充分腐熟的菜籽饼肥或豆饼肥每亩 50～75kg 补充。

③ 定植垄的制作：打田、碎土后人工开沟做垄。一般大棚宽度为 6m，可做 6 条高垄，大棚两边空 30cm，以便大棚中棚的管理，边垄跟中棚又有一定距离，边垄的草莓不宜受冻。垄宽 95cm（连沟），沟底约 30cm，垄面约 45cm，在确保垄面、沟底宽度的前提下，尽量把垄做得愈高愈好。施肥作垄等工作需要定植前 10 天左右完成，作垄后在垄表覆盖旧的塑料薄膜，有利于土壤中肥料熟化，并能使土壤保持

一定的湿度，还能避免雨水冲刷，减少肥料流失。

(2) 定植

① 定植时期　草莓品种的定植时期应根据其花芽分化的开始期来确定。草莓品种因不同地区、不同年份、不同育苗方式，其花芽的分化期是不同的，要确切地掌握草莓花芽分化期，需通过显微镜进行检查。当然也可结合往年的经验与当年的气温进行估算。如丰香品种在苏南地区大体在9月5～10日前后进行定植。定植时，如遇高温就需用遮阳网覆盖，确保成活率。

② 定植密度　一般每亩定植6000～7000株苗，每垄双行种植，行距20cm左右，株距16～25cm左右。土壤肥力较高，苗素质较好，管理较精细，草莓苗长势旺盛，可适当稀栽，反之，可适当密栽。

③ 定植方法　草莓定植时要定向栽植，生育良好的草莓植株根茎基部均略呈弓形，栽时将这弯曲的凸面朝向垄沟一侧，因为凸面是将来抽出花序的部位，草莓花序伸出与匍匐茎抽生方向相反，起苗时可将匍匐茎保留一小段于草莓苗上，作为栽苗时判断栽植方向的依据。这样栽植就可以确保草莓果结在垄的外侧坡上，便于垫果和采收，又有利于通风透光，减轻病害，提高品质。

草莓定植时要掌握好栽植深度，栽植深度是草莓成活的关键。栽植过深，苗心被土埋住，易造成苗心淤泥而腐烂；栽得过浅，根茎外露，不易产生新根，苗容易干死。栽植深度以填土浇水沉实后苗心略高于土表为宜，真正做到“深不埋心，浅不露根”。

3. 定植后管理

(1) 促进成活　定植后及时浇足定根水，缓苗前每天早晚各浇一次水，要保持根茎部周围处于湿润状态，促进新根的发生，确保成活。

（2）地膜覆盖　覆盖地膜有吸热、保温、保水、降湿、除草，使草莓果不与地面直接接触提高草莓品质等作用，是一项设施草莓栽培获得稳产的技术。覆膜时间过早会引起草莓腋花芽分化推迟，覆膜过晚顶化序已抽出，易弄伤花朵以及地温上升推迟影响顶花序的采收期。覆膜应在腋花序分化确认后立即开始。苏南地区，在10月中旬左右可选用黑色地膜，银黑或白黑双色膜覆盖。盖膜不要在清晨进行，因为此时草莓植株含水量高，叶柄较脆，容易折断或损伤叶片，一般在中午前后受阳光照射叶片发软时操作为好。作业时掏出草莓的洞口要尽量小一些，以增加保温效果和减少从洞口长出的杂草危害。

第三节　环境调控技术

一、光照

草莓喜光，又比较耐阴。应选择光照良好的栽培环境和适宜的栽培密度，以利通风透光。如种植过密或光照不足，会使花序梗和叶柄细长，叶色淡，花朵小或不能开放，果实小，味酸，成熟慢，果色浅，品质差。因此，为改善光照条件，大棚膜每年应换透光率好的新膜。冬季日照短，不利于开花结实，需要通过人工补光2～4h左右来延长日照时间，促进植株结果生长。补光一般在11月20日前后开始进行，每666.7m^2约需60瓦白炽灯60～70个，全园均匀分布，离垄面140～150cm。根据心叶的颜色、光泽、大小及展开叶的叶柄长度来调节照明时间。一般来说，心叶淡绿色、有光泽、心叶叶片大，说明长势好，光照时间为2～4h；若心叶颜色深、无光泽、叶片小、展开叶柄短，应增加光照时间，但最长不得大于 6h（图 3-14）。

图 3-14　草莓促成栽培电照补光（见彩图）

二、温度

草莓对温度的适应性较强，但喜凉爽，不耐热。根系最适生长温度为 15～20℃，植株适宜生长温度为 20～25℃，花芽分化最适宜温度 5～25℃。大棚等设施栽培各时期温度要求为：显蕾期，白天 25～28℃、夜间 10～15℃；开花期，白天 23～25℃、夜间 8～10℃；果实膨大和成熟期，白天 20～25℃、夜间 6～8℃。各时期温度调控主要根据外界气温、日光强度对棚内温度的影响，后通过棚膜的开闭时间、开闭程度及其他保温材料的使用来调节。如在长江流域地区，平均气温 16℃左右时开始盖棚膜保温，一般为 10 月下旬至11月初。当外界温度下降，棚内温度将降至8℃时，及时用小棚或中棚覆盖，实行双重保温。当温度进一步降低时，夜间在大棚上覆盖其他保温材料，如草帘、无纺布等。

三、湿度

草莓不同生长时期的湿度要求不一样，保温初期，棚内湿度控制在85%～90%；开花期，棚内湿度控制在40%左右为宜；果实膨大和成熟期，湿度可控制在60%～70%。扣棚后室内湿度非常高，一般早晨能达到100%。室内湿度的来源是土壤、植株蒸发。湿度大不利于草莓正常生长发育，且易发生灰霉病等病害。降低湿度要从多方面考虑，首先要采用膜下滴灌，即采用滴灌，铺地膜将土壤全部盖严来降低室内湿度的来源，然后通过揭膜放风来降低湿度。降湿与保温是矛盾的，早晨湿度最高，恰恰需保温，因此，要掌握揭膜时间及揭膜方式等。

四、二氧化碳

CO_2是植物光合作用的重要原料之一，在一般情况下，空气中CO_2浓度很低，只有300mg/L左右，满足不了植物生长发育的需要，尤其是大棚设施栽培的植物。一般在一定范围内增加CO_2浓度，草莓叶色变浓，叶片变厚、变大、长势好，促进植株生长发育，提高草莓早期产量。在11月下旬至次年2月中旬之间，由于外界气温低，棚内通风量小，且持续时间短，草莓在棚内吸收二氧化碳的量没有补充来源，可选用吊袋式二氧化碳气肥进行补充，增加草莓的光合产物，提高产量。施用量为1袋/60m^2，此肥在有光照时自行分解，无光照时停止分解。

第四节 植株管理

一、土肥水管理

1. 土壤管理

栽植前对土壤进行改良，包括深翻、增施有机肥等，使土壤疏松，有机质含量高，pH 要求在 5.50～6.50 左右，还需对土壤进行消毒。

2. 肥料管理

在定植前施足有机肥的基础上，定植缓苗后，根据苗况进行追施。因此要注意观察植株长势，如叶色的深浅，叶片的光泽、大小和厚薄，新叶的出叶速度，清晨叶片边缘的水珠有无等等。如果发现植株长势有脱力苗头，就要及时追肥。追肥最好用复合肥，少吃多餐。一般在覆地膜前追肥 2～3 次，可用 0.3%～0.5%含硫三元复合肥液浇施。覆膜后当幼果达拇指大小、开始采收和采收盛期分别进行追肥，防止早衰，每次每亩追施氮磷钾复合肥（15∶10∶15）8～10kg，施肥方法将肥料溶于水后通过滴灌带结合灌水施用。

3. 水分管理

设施内草莓需要小水勤浇，冬季 5～7 天需浇 1 次水，春季 3～5 天浇 1 次。设施内空气湿度应控制在 70%以下，尤其是开花期应控制在 40%左右。

二、花果管理

1. 摘老叶

及时摘除老叶、匍匐茎、和侧生分枝，并将其带出园外销毁或深埋，改善通风透光条件，提高光合效率，促进花芽分化，减少病虫害发生，有利于草莓植株发育。

2. 放养蜜蜂

棚内放养蜜蜂，可改善授粉受精，提高结实率。一般在开花前5～6天放入蜜蜂，以333m^2地放一蜂箱为宜（图3-15）。放蜂期间切忌喷药，如必须喷药，需在喷药前将蜂箱移到棚外，喷药后数天再将蜂箱移入棚内。

图3-15　草莓放蜂辅助授粉

3. 疏花、疏果

根据限定的留果量，及时疏除高级次花，以及对授粉受精不良的畸形果、病虫为害果、小果进行疏除，提高果品质量。

三、病虫害管理

1. 病害防治

草莓设施栽培主要病害有：白粉病、灰霉病、炭疽病、枯萎病等。防治方法：①合理密植，加强土肥水管理，增强植株长势，提高自身的抗病能力。②防止偏施氮肥，控制徒长，注意通风换气，雨后及时防止过湿。③发现病叶、病果要尽早摘除，烧掉或深埋。④化学防治：把握在发病初期及时药剂防治。防治炭疽病的药剂有：25%咪鲜胺乳油1500倍、22.7%二氰蒽醌可湿性粉剂700倍、80%代森锰锌可湿性粉剂400～600倍或50%腐霉利乳油800倍等。防治白粉病的药剂有：40%氟硅唑乳油4000倍、25%乙嘧酚悬浮剂1000倍、12.5%烯唑醇可湿性粉剂1500倍或12.5%腈菌唑乳油1500倍等。防治灰霉病的药剂有：50%嘧酶胺可湿性粉剂800倍、50%腐霉利乳油800倍、75%百菌清可湿性粉剂600～800倍或10%苯醚甲环唑水分散颗粒剂2000～2500倍等。

2. 虫害防治

主要虫害有：蚜虫、白粉虱、螨类、蓟马等。蚜虫防治方法为减少越冬虫卵数量，消灭杂草，摘除病、老、残叶，保护蚜虫天敌，利用食蚜蝇、草蛉、瓢虫和寄生蜂等，控制蚜虫为害，选用低毒、高效杀虫剂如吡虫啉、啶虫脒、吡蚜酮等对其进行防治。白粉虱防治方法为设置黄板，板上涂机油诱杀，或在放风口处设防虫网阻隔；螨类一般可使用的药剂有0.6%阿维菌素乳油3000～4000倍、15%哒螨灵乳油1500～2000倍或50%溴螨酯乳油1000～2000倍等。斜纹夜蛾的防治主要采用斜纹夜蛾对黑光灯和糖蜜的趋性，采用糖醋或灯光诱蛾，减少虫口基数，药剂防治主要在其卵期喷施阿维菌素、灭幼脲3号和氟铃脲等，在幼虫出现时，可喷施氯氰菊酯、氰戊菊酯等菊酯类农药或敌百虫、敌敌畏等有机磷农药，使用中要注意用药间隔期和安全期。蛴螬的防治首先要选择水旱轮作田块，利用金龟子有趋光性的原理，晚上用黑光灯对其诱杀，使用辛硫磷、毒死蜱、敌百虫等杀虫剂，兑水对草莓根部进行泼浇或制成毒饵、毒土进行撒施。

四、果实采收及采后管理

大棚草莓果实以鲜食为主，必须在70%以上果面呈现红色时方可采收。冬季和早春温度低，在8~9成熟时采收；早春过后温度逐渐回升，采收期可适当提前。采摘应在上午8~10时或下午4~6时进行，不摘露水果和晒热果，以免腐烂变质。采摘时要轻摘、轻拿、轻放，不要损伤花萼。为提高草莓的商品价值及保证果品的质量，采取分级包装。包装盒用透明塑料盒，根据大小可盛装300~500g，装满后用透明塑料纸盖好，用透明胶带固定，并放入特定纸箱内。草莓在盒内不得移动，装满的草莓应略低于纸箱，以免压坏草莓。

设施草莓成为农业的朝阳产业，对提高设施农业综合效益、推进都市型现代农业发展、加快农业产业结构调整、提高农民收入等方面具有重要的意义。但是，设施草莓生产中仍然存在着一些问题：一是自主选育的品种未得到推广普及。目前，我国生产中草莓品种主要来自于国外，虽然科研院所也一直致力于草莓品种的创新，并选育出了一大批较有市场潜力的新品种如宁玉、雪蜜、燕香、石莓5号等，但是由于市场运作经验不足、配套栽培技术示范不到位等因素，仅停留在试验示范阶段，市场占有份额小，未得到普及。二是育苗技术落后且不规范。大多数草莓种植者由于技术、成本等因素，忽略对种苗的选择，多以当年的生产苗作为母株用于繁育下一年的生产苗，且多年如此，这就使得一些真菌性病害日益累积，导致植株生长势衰弱，抗病能力和抗逆能力显著下降，果品产量和品质也明显降低。三是连作障碍制约草莓的发展。由于耕地紧张、设施材料移动成本高等原因，设施草莓生产连作现象特别普遍，不进行土壤消毒处理，草莓病害如黄萎病、炭疽病日趋严重，定植后常常出现连片死苗现象，植株长势弱、果实小，严重影响了生产，给我国草莓的持续健康稳定发展带来很大危机。四是人口老龄化，劳动力素质低。草莓是一项劳动密集型产业，劳动力投入大，劳动强度高，对劳动者的素质要求也相对较高。人口老龄化是不争的事实，农村青年大多不愿从事农业行业，草莓生产的主体主要是中年以上农民，这些农民又多以妇女和老人为主，文化程度低，对新品种和新技术的接受能力差，对草莓种植技术的掌握还集中体现在“模仿”阶段。五是草莓销售组织化程度低。虽然以鲜食为主的草莓销售方式呈现“提篮小卖、送批发市场或者进入超市、作为礼品等”多元化格局，但是，草莓销售的组织化程度仍然不高，销售力量分散，没有形成有凝聚力的整体，采后分级、包装、预冷、冷链运输等设备缺乏，影响草莓市场的开拓。

综上所述，草莓产业尽管存在一些问题，但是朝着标准化、优质化、组织化、品牌化方向，发展潜力十分巨大。

第四章 设施桃生产技术

第一节 品种选择

品种选择是否得当，是决定大棚桃栽培成功与否及效益高低的关键之一。选择大棚桃品种时应综合考虑以下因素：设施栽培的主要目的是促早，所以，首先应选择早熟品种，同时，对果实的风味品质、果个、外观、耐贮运性也要予以重视；延迟栽培应选择综合性状优良的晚熟或极晚熟品种；由于保护地条件下一般缺少传粉媒介，所以要选择花粉量大，自花结实率高、丰产性好、早果性强的品种；尽量选择需冷量低、促早效果好的品种。油桃和桃一样，花芽和叶芽通过正常休眠需要一定的低温时数，即需冷量，只有满足其需冷量以后再保温或加温，才能正常萌芽、开花、结果，否则，就可能出现不开花、开花不整齐、先萌叶后开花等现象，导致坐果率降低。不同品种的需冷量有差异，一般为500～1200h（指0～7.2℃的低温），需冷量低，则可提前扣棚保温，在满足品种的需冷量后，扣棚愈早，开花成熟愈早，促早效果愈好；四、尽量选择树势中庸，树形紧凑或矮化，耐高温高湿，耐弱光，抗病性强，花芽抗寒的品种。

一、桃品种

1. 早美

北京市农林科学院林果研究所育成，亲本为庆丰×朝霞。

果实近圆形，果顶圆，缝合线浅，两半部较对称。平均单果重97g，最大果重168g。果皮底色黄白色，果面1/3以上着暗红色晕，果面茸毛少，果皮不易剥离。果肉白色，硬溶质，味甜，风味浓，纤维少，可溶性固形物含量9.5%。粘核，核较小，硬核且不裂核。5月下旬果实成熟，果实生育期50～55天。

树势强健，树姿半开张，成枝力强，枝条较细，各类果枝均能结果，复花芽较多，蔷薇型花，花粉量大，坐果率高，丰产性好。

综合评价及栽培技术要点：极早熟硬溶质桃品种，适合露地及北方保护地栽培。

2. 春蜜

中国农业科学院郑州果树研究所培育。果实近圆形，单果重156～255g；果皮底色乳白，成熟后整个果面着鲜红色，艳丽美观；果肉白色，肉质细，硬溶质，风味浓甜，可溶性固形物11%～12%，品质优。核硬。不裂果。成熟后不易变软，耐贮运。该品种果实发育期60～65天左右，郑州地区6月初成熟。

树姿半开张，树势中等偏旺。果枝粗壮，复花芽多，各类果枝均能结果，以中长果枝结果为主。花为蔷薇型，花瓣粉色，花粉多，自花结实力强，丰产性好。综合评价及栽培技术要点：春蜜桃早熟、果形大，肉质硬，全红，耐贮运，自花结实。

3. 春花

上海市农业科学院园艺研究所育成。果实近圆形，果形整齐。平均单果重86g，最大140g。果顶圆，两半部较对称。果皮底色黄绿，果顶及阳面覆盖斑点状紫红色，覆盖面可占全果的50%，皮易剥离。果肉白色，顶端少量红色，近核处无红色。肉厚，质软，汁液中等，风味甜，有香气，可溶性固形物9%～11%。粘核。郑州地区6月上旬果实成熟，果实发育期60～65天。

植株生长健壮，长势中等，长、中、短果枝均可结果，以长、中果枝结果为主。花为蔷薇型，花粉量多，丰产性能好。

综合评价及栽培技术要点：特早熟，果较大，风味好，丰产。适合露地及保护地栽培。

4. 京春

北京市农林科学院林果所育成。果实近圆形，果个较大，平均单果重113g，最大可达150g。果顶圆平，缝合线较浅，两侧较对称。果皮底色绿白，阳面有红晕，皮易剥离。果肉白色，硬溶质，味甜，成熟后柔软多汁，可溶性固形物9.5%～10%，可滴定酸0.52%，维生素C8.80mg/100g。粘核。该品种在郑州地区，4月初开花，6月上旬果实成熟，果实发育期62～66天。

树姿半开张，树势中庸，发枝力较强。花芽起始节位为第2节，复花芽多，长、中、短果枝均能结果，丰产、稳产。花为蔷薇型，花粉量多。

综合评价及栽培技术要点：果实大而圆整，外观美，品质好，丰产，可在适合各桃产区发展。

5. 黄金蜜1号

中国农业科学院郑州果树研究所育成。果形圆，果顶圆平，缝合线较两侧较对称。平均单果重135g左右，最大果个208g。果皮底色橙黄色，成熟后2/3以上果面着浓红色，色彩艳丽；果肉黄色，肉质细，可溶性固形物12%～14%，风味浓甜，有香气，品质优，硬溶质，耐贮运。核硬且无裂核，无裂果现象。郑州地区果实6月上中旬成熟，果实发育期65～70天。

树势中等，树姿半开张。结果枝粗壮，复花芽多，各类果枝均能结果。花为蔷薇型，花粉多，丰产性好。

6. 霞晖1号

1975年江苏省农业科学院园艺所利用朝晖和朝霞杂交选育而成。1992年6月通过省级鉴定。

果实圆形或卵圆形，果顶圆，缝合线两侧对称，缝合线浅。果实大型，平均单果重130g，大果重210g。果皮乳黄色，顶部着玫瑰红晕，充分成熟后果皮易剥离。果肉乳白色，肉质柔软多汁，略有纤维，风味甜，香气浓；可溶性固形物13%，可溶性糖7.87%，可滴定酸0.12%。粘核。南京果实6月上旬成熟，果实发育期68天。

树势健壮，树姿半开张。各类果枝均能结果，以中长果枝结果为主。复花芽多而饱满。花粉败育，需配置授粉品种。早果性好，定植后第二年见果，丰产稳产。适应性广，抗逆性强，无特殊病虫害。

7. 春美

中国农业科学院郑州果树研究所最新育成。果实近圆形，平均单果重156g，大果250g以上；果皮底色乳白，成熟后整个果面着鲜红色，艳丽美观；果肉白色，肉质细，硬溶质，风味浓甜，可溶性固形物12%～14%，品质优，核硬，不裂果（图4-1）。成熟后不易变软，耐贮运。该品种果实发育期70天左右，郑州地区6月10左右成熟。适合全国

图 4-1 桃品种‘春美’设施栽培结果状（见彩图）

各桃产区栽培。

树势中等，树姿半开张。结果枝粗壮，多复花芽，各类果枝均能结果。花为蔷薇型，花瓣粉色，花粉多，丰产性好。

8. 砂子早生

日本品种。上海市农业科学院1966年引入我国。果实圆形，果个特大，平均单果重184g，最大果重240g以上。果顶圆，两峰稍隆起，缝合线中深，两半部不对称。果皮乳黄色，顶部及阳面具红霞，茸毛短少，外观甚美，成熟后果皮易剥离。果肉乳白色，顶部带少量红丝，近核处无红色素。果肉细密，硬溶质，粗纤维少，汁液中等。风味甜，香气较浓。可溶性固形物9.5%～11%，可溶性糖7.59%，可滴定酸0.16%，维生素C5.63mg/100g。半离核。在郑州地区，3月底开花，6月15日左右成熟，果实发育期78天。

树姿开张，树势中庸或略强。结果枝粗壮，单花芽居多。各类果枝均能结果。花为蔷薇型，花瓣粉红色，花药浅黄色，无花粉，需配置授粉品种或进行人工授粉，以提高坐果率和产量。

综合评价及栽培技术要点：早熟鲜食桃品种，果形特大，外观甚美，品质优良，耐贮运，适应性强。但授粉不良时，产量不稳定。选择排灌条件良好的砂壤土建园。由于树姿开张，发枝较少，结果枝易光秃，修剪时要注意枝组的配备和更新。花粉败育，要配置足量（不少于30%）的授粉品种，最好辅以人工授粉。

二、油桃品种

1. 中油桃12号

中国农业科学院郑州果树研究所最新培育的早熟油桃品种。果实平均单果重120～180g，果形圆整，果顶微凹，缝合线中，两半部较对称，果皮底色绿白，成熟后全面着鲜红色，艳丽美观。果肉白色，硬度中等，汁液多，可溶性固形物含量9%～11%，品质上。果核硬，粘核，无裂核现象。郑州地区3月下旬开花，果实5月下旬成熟，果实发育期58天左右，比曙光油桃早熟7天，比中油桃11号（极早518）晚7天左右。

树势强健，树姿半开张。幼树生长旺盛，以中长果枝结果为主，进入盛果期后树势中庸，各类果枝均能结果。花芽分化良好，以复花芽居多，花芽起始节位低，花为铃形，花粉多，自花结实，丰产性好。

2. 中油桃9号

中国农业科学院郑州果树研究所培育。果实大型，平均单果重170～210g，最大可达300g以上。果实圆形，果顶微凹，缝合线中深，两半边较对称，果皮底色绿白，成熟后80%以上果面着玫瑰红色。果肉白色，8～9成熟时脆硬，完熟后稍软，汁多，风味甜，可溶性固形物10%～12%，品质优。粘核，无裂核发生。郑州地区2月底到3月初萌动，3月下旬开花，果实6月初成熟，果实发育期63天左右，10月下旬到11月初落叶。

树势健壮，树姿半开张。萌芽率中等，成枝力较强。结果枝粗壮，中庸枝坐果较好，花芽分化良好，花芽密，多为复花芽，花铃形，雌蕊弯曲，高于雄蕊，有花粉。保护地栽培专用品种，果形大，果面光洁美观，品质好（图4-2）。

图4-2 设施栽培专用油桃品种——中油桃9号（见彩图）

3. 中油桃10号

中国农业科学院郑州果树所培育，2007年通过河南省林木良种审定委员会审定并定名为“中油桃10号”，同年获国家植物新品种保护授权。

果实大小中等，平均单果重106g，大果可达188g以上；果形近圆形，果顶平，微凹；两侧对称，缝合线浅，不明显；梗洼浅，中宽；果皮底色浅绿白色，果面呈片状或条状着色，充分成熟时可全面着色，彩色为紫玫瑰红色；果皮光滑无毛，中厚，难剥离；肉质致密，为半不溶质，果肉为乳白色，汁液中等，pH5.0，纤维中少，味浓甜，有果香，可溶性固形物含量10%～14%，总糖9.67%，总酸0.46%，维生素C8.90mg/100g，品质优。核为长椭圆形，中等大小，较硬，褐色程度中等，核面纹点间纹沟，无裂核，核面平滑，粘核。郑州地区3月底开花，花期5～7天，果实6月5日左右成熟，果实发育期68天左右。果实留树时间可达10天以上，耐贮运性较好。10月下旬开始落叶，全年生育期236天左右。

树势生长健壮，萌发率中等，成枝力较强。花枝粗度中等，节间中短；花芽密，多为复花芽，花型为铃形花，花冠粉红，雌蕊与雄蕊等高，有花粉。自花结实力强，丰产性好。

4. 红芒果油桃

中国农业科学院郑州果树研究所培育。

果个中等，平均单果重92～135天，果形长卵圆形，果皮底色黄，成熟后80%以上果面着玫瑰红色，较美观。果肉黄色，硬溶质，汁液中多，风味甜香，可溶性固形物11%～14%，品质优良，无裂果。粘核。郑州地区3月下旬到4月初开花，果实5月下旬成熟，果实发育期55天左右。

树势中庸，树姿半开张，萌芽率、成枝率中等，各类果枝均能结果，花芽形成良好，多复花芽，花芽起始节位低。花蔷薇型，花粉多，自花结实率高，丰产性好。

5. 曙光

中国农业科学院郑州果树研究所育成，已通过河南、山东、山西三省品种审定。

果实圆形或近圆形，果顶圆，微凹，端正美观。平均单果重100g左右，大果可达170g以上。表皮光滑无毛，底色浅黄，全面着鲜红或紫红色，有光泽，艳丽美观。果皮难剥离。果肉黄色，硬溶质，汁液中多。风味甜，香气浓郁。pH5.0，可溶性固形物10%～14%，可溶性糖8.2%，可滴定酸0.1%，维生素C9.2mg/100g，品质优良，粘核。

郑州地区3月上旬萌芽，4月初开花，花期4～6天，6月上旬果实成熟，果实发育期65天；10月下旬落叶，全年生育期230天，需冷量550～600小时。

幼树生长较旺，萌芽率、成枝率高，幼树以中、长果枝结果为主，盛果期以中、短果枝结果为主，树形紧凑。花为蔷薇型，粉红色，花粉多，自交结实率高，可达33.3%，丰产。

6. 紫金红1号

江苏农科院园艺所利用早熟油桃的自然实生种子经胚挽救培养培育而成。

果实圆形，果顶平或微凹，缝合线浅，两半部较对称。平均单果重125g，最大200g，果皮底色黄色，80%以上果面着红色，顶部有少量果点，外观美丽。果实成熟一致，不存在果顶先熟或腹部先熟现象。果肉黄色，果顶皮下偶有少量红色素，肉质硬脆爽口。完熟柔软多汁，纤维中等，风味甜，可溶性固形物11.5%，含可溶性糖10.38%，可滴定酸

0.28%。粘核，核椭圆形，无裂核。

树体生长健壮，长势中庸，萌芽力和成枝力均较强。4年生树果枝比例为97.1%，复花芽多，成花率高。花为蔷薇型，有花粉，自花结实率高，丰产性好。

7. 中油桃5号

中国农业科学院郑州果树研究所育成，已通过国家审定。

树势强健，树姿较直立。萌芽力及成枝力均强。各类果枝均能结果，但以长、中果枝结果为主。花为铃形，花粉多，极丰产。

果实短椭圆形或近圆形。果实大，平均单果重166g，大果可达220g以上。果顶圆，偶有突尖。缝合线浅，两半部稍不对称。果皮底色绿白，大部分果面或全部着玫瑰红色，十分美观。果肉白色，硬溶质，果肉致密，耐贮运，风味甜，香气中等，可溶性固形物11%～14%，品质优，粘核。郑州地区4月初开花，6月中旬果实成熟，果实发育期72天。我国设施桃主栽品种之一。应注意疏花疏果，保持合理负载。

8. 中油桃14号

中国农业科学院郑州果树研究所培育的半矮化油桃新品种。果实近圆形，果顶圆，缝合线浅，两侧较对称，成熟较一致。平均单果重125g，最大果重256g以上。果皮底绿白，90%以上果面着鲜红色，艳丽美观。果肉乳白色，硬溶质，肉质细脆，可溶性固形物10%～12%，风味甜，品质较优，粘核。郑州地区果实6月上旬成熟，果实生育期70天左右。

树势健壮，树姿半直立，树体半矮化，为普通品种的2/3左右；萌芽率中等，成枝力强。新梢前期生长慢，5月中旬以后生长加快，结果枝粗壮，以中长果枝结果为主。花铃形，花粉多，自花结实，产量中等。我国培育的第一个早熟半矮化甜油桃品种，适合密植或保护地栽培。

9. 中油桃4号

中国农业科学院郑州果树研究所育成，已通过国家审定。果实短椭圆形，平均单果重148g，最大果重206g。果顶圆，微凹，缝合线浅。果皮底色黄，全面着鲜红色，艳丽美观，果皮难剥离。果肉橘黄色，硬溶质，肉质较细。风味浓甜，香气浓郁，可溶性固形物14%～16%，品质优，粘核。郑州地区3月中旬萌芽，4月初开花，6月中旬成熟，果实发育期74天左右。

树势中庸，树姿半开张，发枝力和成枝力中等，各类果枝均能结果，以中、短果枝结果为主。花为铃形，花粉多，极丰产。我国露地和设施桃主栽品种之一。应注意疏花疏果，保持合理负载。

10. 中油桃13号

中国农业科学院郑州果树研究所育成。果实扁圆或近圆形，果顶圆平，缝合线浅，两侧较对称。平均单果重186g，大果230g以上。果皮底色乳白，80%以上果面着鲜粉红色，鲜艳美观。果肉白色，较硬，纤维中等，完熟后柔软多汁，可溶性固形物含量13%～15%，风味浓甜，有香气，品质优。郑州地区果实6月中下旬成熟，果实发育期80天左右。

树势中等偏旺，树姿半开张，萌芽力与成枝力均较强。花芽分化好，各类果枝均能结果，以中长果枝结果为主。花蔷薇型，花粉多，自花结实率高，极丰产。早熟、优质、大个的早熟甜油桃品种，极具发展潜力。

三、蟠桃品种

1. 早露蟠桃

北京农林科学院林业果树研究所育成。树势中庸，树姿较开张，芽起始节位低，复花芽多，各类果枝均能结果。花为蔷薇型，花粉量多，极丰产。

果形扁平，平均单果重85g，最大果重124g。果顶凹入，缝合线浅。果皮黄白色，具玫瑰红晕，茸毛中等，果皮易剥离。果肉乳白色，近核处微红，柔软多汁，味浓甜，有香气，可溶性固形物9%～11%，品质优良，粘核。郑州地区4月初开花，6月10日左右果实成熟，果实发育期68天。早熟蟠桃品种，品质优良，适合露地和保护地栽培。

2. 油蟠桃36-3

中国农业科学院郑州果树研究所培育。树体生长健壮，树姿半开张，树形发育快。萌芽力和成枝力均较强，以复花芽为主，长中短果枝均可结果。花粉多，自交结实率36.9%，丰产稳产。一般管理水平下，定植后，第二年开始结果，第3、第4年陆续进入丰产期，盛果期每亩产量可达2000kg以上。

果实扁平形，缝合线明显，两侧校对称，果顶凹，无裂痕。果形较大，平均单果重92g，最大可达152g以上。果皮底色绿白，表面光滑无毛，整个果面披鲜红或玫瑰红色，艳丽美观。果肉乳白色，肉质细，硬溶质，汁液丰富。风味浓甜，有果香，可溶性固形物11%～14%，品质优良。果核小，扁圆形，硬核，果实可食率95.6%。不裂果。

郑州地区3月上旬叶芽开始萌动，4月初开花，花期4～6天，果实6月15日左右成熟，果实发育期75天。该品种早熟、外观美、品质优、不裂果、丰产、适应性强，既适合常规露地栽培，又适合保护地栽培，市场空间大，发展前景广。

第二节 育苗与定植

一、桃苗繁育技术

1. 桃树适宜的砧木

桃的常用砧木有毛桃、山桃、甘肃桃、新疆桃等，以毛桃和山桃占多数。

毛桃遍布全国，各地都有不同的野生毛桃类型，毛桃的适应性广，既能适应温暖多雨的南方气候，成为南方产区的主要砧木树种，又具有较强的耐旱力与耐寒力，成为华北及西北干旱地区的首选砧木。相对来说，毛桃比较抗根癌病，在如今根癌病多发且没有十分有效防治措施的情况下，在根癌病疫区用毛桃作砧木无疑是一个明智的选择。毛桃与桃树亲和力好，嫁接后生长旺盛，根系发达，且树体维持盛果期的时间比山桃要长，是桃树理想的砧木资源。嫁接后能保持嫁接品种果实的质量和产量，但耐旱、耐寒力较山桃稍差。

山桃的适应性较强，耐旱、耐寒力强，也比较耐盐碱，与桃树嫁接亲和力强，成活率高。嫁接后长势较强，直根较深，树形较小，易早果、丰产，但果个变小，红晕加深，使原品种的果实品质有所下降。山桃种子发芽率高，但对根癌病敏感，山桃不耐湿，在地下水位高及南方温暖多雨地区易得黄叶病及颈腐病等，是北方地区较常用的砧木。

甘肃桃抗旱、耐瘠薄，高抗根结线虫，嫁接后树体长势中庸，寿命稍短，可作为西部地区的主要砧木选用。

2. 桃砧木种子的低温沙藏（层积）

砧木种子在层积之前应进行筛选，去劣存优，挑选种仁饱满，大小均匀的新鲜种子，淘汰过小、不充实、陈旧的种子。

种子在砂藏之前应先用冷水浸泡 2 天以上，并每天换水，让种子充分吸水后再进行砂藏，同时也便于浮出水面的发育不充实的种子，提高发芽率。毛桃种子应早层积，山桃种子晚两三个月层积层积也可正常发芽，而甘肃桃种子需层积时间较长，应尽早层积，尽管如此也往往因当年休眠不充分而发芽率较低，但第二年通过休眠后仍可发芽。表 4-1 列出了部分桃砧木需低温处理的情况。

表 4-1 部分桃砧木需低温处理的情况

种　类	采收时期	处理天数	处理温度/℃
山桃	7～8 月	90	4～7
毛桃	8 月	90	4～7
李	7 月	60～100	2～7
毛樱桃	6 月	75～100	4～5

砧木种子层积的具体方法是：按 3～5 倍于种子的比例准备干净的细河沙，调整沙子的湿度至手捏成团、一触即散为止，不可过高或过低，然后选阴凉、通风、排水良好的地方，挖深 60～100cm、深 1～1.5m 的层积沟，长度随种子量而定，在沟底铺一层湿沙，一层种子一层沙叠放或将种子与湿沙混匀放入层积沟至离地面 20cm 左右，再在上面覆盖沙子至与地表基本持平，然后在表面覆土或其他覆盖物。层积沟的四周最好挖浅排水沟以防雨水进入。在层积的中后期应注意翻动，检查湿度，并密切关注种子萌动情况。一般毛桃种子要经过 3～4 个月、山桃经过 2～3 个月有较好的萌

芽率。

由于甘肃桃休眠时间较长，到第二年春天仍会有不少种子不发芽，对于这些种子（毛桃、山桃种子也可这样处理）可采取如下办法促进发芽：

① 用冷水浸泡3～5天，并每天换水，然后放在晴天的太阳下曝晒2～3小时，堆放到一起，用塑料薄膜覆盖，处理之后大部分种子均能发芽。

② 破壳处理：将种子放在硬物（如水泥板、砖块等）上，用锤子或其他工具沿侧面将种子砸开，取出桃仁，注意尽量不要伤到种子。将种子用100mg/L的赤霉素溶液浸泡24h，也可促进种子发芽。

3. 桃苗木嫁接的方法

苗木嫁接的方法主要可分为芽接和枝接。凡是用一个芽片作接穗（芽）的称为芽接；用具有一个芽或几个芽的一段枝条作为接穗的叫枝接。芽接又可分为“丁字形”芽接、带木质芽接（嵌芽接）、方块形芽接等，芽接的特点是操作简便，接穗利用率较高，成活率较高。枝接可分为劈接、切接、舌接、插皮接等，枝接的操作较为复杂，成活率稍低，且接穗利用率不高，故应用较少，一般多用于早春嫁接或高接换头时使用。枝接的枝条萌发后，生长势强于芽接，当年生长量较大，并可形成较多花芽。

（1）带木质部芽接　木质部芽接法（嵌芽接）是常用、省工、成活率高、嫁接口愈合较好的一种芽接方法，各时期、不论是否离皮均可以使用，具体操作方法如下（图4-3带木质部芽接）：

切砧：选离地面5～10cm左右，光滑、平整的部位，向下斜切一刀，长约2cm，然后在下方呈30°角斜切到第一刀刀口底部，去掉。切砧时要注意嫁接刀一定要锋利，最好

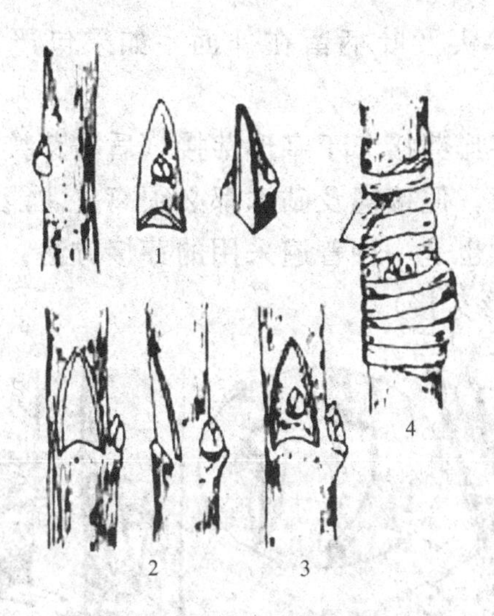

图 4-3 带木质部芽接

1—取芽；2—削砧木；3—嵌芽；4—绑缚

一次用力，一刀削到位，这样削出的面才平，嫁接后成活率较高。

削芽：在芽的上方约 0.8～1cm 处向下斜切一刀，长约 1.5～2cm，略短于切砧的长度，然后在芽的下方 0.5～0.8cm 处向下呈 30 度角向下斜切到第一刀刀口底部，取下芽片。削下的芽削面尽量要平，以便能较好地愈合，提高成活率。

绑扎：将削下的芽片放于切好的要嫁接部位上，芽略短，四周对齐，如果芽片较小可采取对齐一边形成层的方法。芽片大于切砧部位的大小，嫁接后一般不能成活。取长约 20cm、宽约 1.5cm、有一定弹性的塑料条由接口下端向上端一圈压一圈地把伤口包扎严实，最好打活结，以便解绑。如果当年不让萌发，如 9 月份左右接芽苗，可以将芽全部包住；当年萌发的芽，如 6 月份嫁接的速生苗或春天嫁接的芽，宜将芽尖及叶柄留在外面，如果包严，要注意及时解绑。

（2）丁字形芽接　丁字形芽接（盾状芽接）嫁接成活率高，操作简便，但接穗及砧木都必须离皮才能操作，且接口处比较毛糙，也是一种普遍采用的芽接方法。具体操作如下（图 4-4 丁字形芽接）。

图 4-4　丁字形芽接（参考章镇　王秀峰主编《园艺学总论》）

切砧：选距地面 5～10cm 左右、平滑的部位，横切一刀，长 1cm 左右，深度以切断韧皮部、可剥开皮为度，然后在切口的中间向下垂直切一刀，长约 2cm，成一“丁字形”开口。

削芽：选饱满芽，在芽的上方 0.5cm 处横切一刀，长度约 0.8cm，深及木质部，再在芽的下部 1cm 处向上削至横切口处，这时应带有木质部，即刀要削入木质部。削好后，用拇指和食指推取下芽片，取芽时动作不可过大，以免伤及维管束及芽片。

插芽：用芽接刀刀把后部的薄片将砧木上“丁字形”开口两侧的皮剥开，使韧皮部和木质部分离。将削好的芽片用拇指和食指捏着从“丁字形”开口处从上往下插入，芽片的上切口应与“丁字形”切口的上切口对齐，并紧密相接。

其他同带木质部芽接。

（3）方块形芽接　方块形芽接是用专用芽接刀在砧木、接芽的上下、两侧各切一刀，取下芽片，将接穗的芽片贴在砧木的切口处，用嫁接条绑严即可。该方法操作简单，主要缺点是要使用专用工具。

方块形芽接的芽接刀可以自己制作，制作方法如下：将粗度为 2cm 左右的木棍、竹棍或其他工具纵向平行劈开两刀，间距 0.6～0.8cm，将锋利的裁纸刀片、单面刀片或刮胡刀片夹在劈开的缝里，用细铁丝或结实的尼龙绳缠紧，以避免刀片活动就可以使用了。

4. 培育“三当”速生苗的关键技术

“三当”速生苗指当年播种，当年嫁接，当年出圃的苗木。“三当”育苗法是当今应用最广的桃树育苗方法，其技术已比较成熟，一般管理得当，当年出圃时可达到一级苗的标准。其关键技术如下：

（1）施足底肥　速生苗由于要当年出圃，因而对肥水条件要求较高，如果肥水条件跟不上，砧木生长较弱，到 6 月份嫁接时达不到应有的粗度而不能嫁接，易造成培育失败。因此底肥要充足，除每 667m^2 增施农家肥（一定要腐熟后才能使用）5000kg 以上外，还应各施磷肥、饼肥、氮肥（碳酸氢铵）各 50kg，肥料要拌匀撒开，深入土层 20～30cm。

（2）早播种，促使早发芽　选用发育饱满的砧木种子，提早层积，也可对种子进行破壳及催芽处理，以提早播种。由于北方生长期短，可覆盖地膜以提高地温，促进种子早发芽。

（3）及时摘心＋叶面喷肥　为促使砧木苗尽快生长，达到嫁接要求，可先待砧木苗长到25cm时进行摘心处理，以促进加粗生长。另外，除施足底肥外，还可根据需要进行叶面喷肥，前期用0.3%的尿素，后期用0.3%的磷酸二氢钾。

对于采穗母本园，也要加强管理，促进生长，以使接芽尽快充实成熟，以利嫁接。

(4) 尽早嫁接　经过前面的措施，到6月初，砧木苗基部距地面10cm处粗度一般都可以达到0.5～0.6cm或以上，这时就可以进行嫁接了，嫁接一般要在6月底完成。晚嫁接的苗木往往粗度、高度达不到要求，或者因木质化程度不够而在定植后生长较弱，甚至在冬季冻死。

(5) 晚剪砧，折梢以促进接芽生长　嫁接后一般10天左右即可解绑，如果此时剪砧，由于叶片减少，树体同化产物减少，影响砧木的生长，容易导致成苗生长较弱及成活率降低等。为保证苗子的正常生长，可于此时在接芽上方留1～2片叶将砧木折倒，待接芽萌发并长至25～30cm左右时再剪砧。

同时也就注意保护叶片，及时防治病虫害，抹除嫁接口以下的萌蘖。

(6) 后期控制生长，促进木质化　在嫁接后要加强管理，促进营养生长，适时浇水及施肥，施肥以氮肥为主。当幼苗长至50～60cm时，可控制生长，适当控制浇水，少施氮肥或不施氮肥，以追施磷钾肥为主。这时也可叶面喷施生长调节剂控制旺长，增加树体营养积累，使苗木加粗生长，增加木质化程度，达到出圃要求。

二、定植

为充分利用设施内空间，一般采用高密度栽植，常见株行距有1.0m×1.2m（556株/667m^2）、1.0m×1.0m（株/

m^2)、1.2m×1.5m（370株/667m^2）等。

定植时，首先根据栽植密度（以株行距1.0m×1.2m，556株/667m^2为例）和棚的跨度（即宽度）规划好可定植的行数，边行距日光温室的前脚或大棚边脚要留有0.8～1.0m的距离。然后按行挖深、宽均为0.6m的定植沟，挖沟时将生、熟土分开放置。每667m^2施3000～5000kg的优质农家肥（腐熟的鸡粪、猪粪、牛羊粪等为佳，也可混合起来使用）作基肥。将肥料与熟土混匀后填入沟内，或一层肥一层土均匀填入沟内，生土填在上面，然后浇透水将土壤沉实。

如果地下水位较高，或容易积水的地区，建园时应起垄栽培。具体方法是：按上述施肥量，将腐熟的有机肥（切忌用化肥）与地表活土充分混匀，堆成宽、高各40cm的

图4-5 桃设施栽培定植及管理（见彩图）

垄起。

定植时间从 11 月下旬苗木落叶后至 3 月份萌芽之前均可，宜早不宜晚，但 1 月份土壤封冻期间不宜定植。苗木可选择根系发达，芽眼饱满的半成品苗（芽苗），也可选择生长健壮、根系发达的速生成品苗，二者各有利弊，但如果管理得当，均不影响第 2 年结果。

定植时，按株行距 1.0×1.2m 挖坑，注意不要栽深，定植深度以起苗时的地面痕迹为宜，踩实，栽后浇一遍透水。10 天后再浇一遍即可（图 4-5）。

第三节 环境控制

在设施栽培条件下，果树生长在相对密闭的环境内，设施内光、温度、湿度、二氧化碳浓度的调控，成为设施栽培成败的关键因素。

一、光照

光是果树生长发育必需的环境因子之一。在设施栽培条件下，由于棚膜的隔阻，使设施内光照强度大幅下降，通常只有设施外的 50%左右。设施内光照的严重不足，一方面对光合作用造成不良影响，另一方面影响果树的形态建成，造成虚旺徒长。有研究表明，桃在设施栽培条件下，光合效率低下导致的树体有机营养严重不良是限制果实品质提高的关键因素。因此，必须采取针对性措施，努力改善设施内光照强度，提高群体光合水平。

改善设施内光照条件的主要措施有：优化温室、大棚设计，扩大采光面；采用高透光率、优质无滴膜作棚膜；后墙挂反光幕，地下铺反光膜，增加棚内散射光；尽量延长采光时间，天气晴好时，早上要及时打开保温被或草苫见光；定期清洁棚膜（10～15 天一次），增加透光率；人工补充光照；采用高光效树形，如松散纺锤形，充分利用设施内散射光。

二、温度

设施栽培条件下，桃生长在相对封闭的环境里。设施内温度受多种因素影响，变化快、幅度大。根据桃树不同生育期的需求，合理调节设施内温度是决定保护栽培能否成功的关键。

桃树落叶后，在正常萌芽、开花前，需要一定时数的低温休眠（需冷量）。以 0～7.2℃之间的温度最为有效。因品种不同，桃的需冷量一般多在 500～800 小时。只有在休眠期间满足了桃品种的需冷量，才能正常萌芽、开花、结果。因此，在盖棚升温之前，一定要明确桃的需冷量是否已经满足。

以黄河中下游地区为例，一个需冷量为 650h 的品种，自然状态下要到 1 月中旬才能完成低温休眠。目前，生产上常采用人工辅助方法创造冷凉条件，帮助桃提早完成低温休眠，已达到提前盖棚升温，提前成熟的目的。具体做法是，在深秋日平均气温低于 10℃时，扣棚，白天盖保温被或草苫遮阳降温，晚上开窗通风，创造 0～7.2℃的低温环境，约 1 个月时间，提前满足桃树需冷量，可提早盖棚升温。

盖棚升温后至开花前这段时间为催芽期，这期间保温是关键，通过设防寒沟、夜晚加盖草苫，甚至燃放火炉等措施，尽量升温、保温。此间，昼夜温度的高低，直接影响棚内积温，进而影响花期。升温要逐渐进行，开始要低，逐渐提高，但是，最高温度严禁超过 25℃，最好 22℃以下，否则，虽然开花可以提前，但高温可能造成雌雄蕊发育畸形，导致花而不实。若昼夜温度能保持在8～22℃，一般品种覆膜后15～20天左右就可以开花，否则，若升温、保温效果差，催芽期则可延长至30天，甚至更长。

花期是桃生育期中对温度最敏感的时期，此期夜间温度不能低于5℃，否则会造成低温伤害，最好能维持在8～10℃。白天温度应控制在20～25℃，最好22℃，严禁超过25℃，这是温度管理的关键。温度过高，即使是短时间的高温，也可能导致雌雄蕊发育畸形，花粉萌发和受精过程受阻，造成坐果率极低，栽培失败。因此，盛花期若遇天气晴好，中午要有专人把守，发现温度过高，及时放风降温。

谢花后至果实膨大期也应十分重视棚内温度管理。此间主要防止白天气温过高，造成高温伤害，或使新梢徒长，浪费大量营养，引起严重的生理落果。因此，应注意白天放风。一般从上午10时起打开通风窗或“扒缝”通风，下午4时以后封闭保温，此期最高温度不要超过30℃。一般4月中旬，晚上不再加盖草苫，4月底即可撤去棚膜，以改善棚内光照，增加果实糖分和外观色泽，提高品质。

三、湿度

设施环境内的空气湿度对萌芽、开花、传粉、病害发生及果实品质等都有密切关系，不同生育期对空气湿度大小要

表4-2　大棚桃不同生育期温度、湿度控制

生育期	催芽期	开花期	果实膨大期	成熟期
昼温/℃	18～22	20～25	25～28	<30
夜温/℃	5	8～10	12～17	16～18
空气湿度/%	80	50	60～70	60

求不同（表4-2），但从总体上说，覆膜后，棚内湿度迅速上升，一般可达80%左右，灌水后甚至可达90%～100%。而桃树除催芽期可适当提高空气湿度（80%左右）外，其他时期特别是花期，都要求较低的空气湿度（50%～60%），湿度过高，散粉、传粉受阻，病害发生严重，果实品质降低，因此，控制棚内湿度是保证栽培成功的又一关键。具体措施有：

① 改善灌溉方式，避免漫灌，实施滴灌。表4-3是根据大棚气温、湿度调控需要总结出的滴灌定额，可供参考。

表4-3 保护地油桃的滴灌定额

生育期	定额/吨·亩$^{-1}$	滴灌时间/h:min	间隔期/天	次数
覆盖前期	6.0	4:00	10	2
花前10天	3.2	1:15		1
始花至落花后10天	0	0		0
花后10天至硬核	7.2	3:00	10～15	2
硬核至采前15天	7.2	3:00		1
采后	14.5	6:00		1

② 覆盖地膜：用地膜把棚内地面全面覆盖，覆盖前，深锄松土一遍，并把滴灌管铺设于地膜下。覆地膜不仅可以防止地表水分蒸发引起棚内湿度过大，而且能提高地温，促进根系早期活动，并可有效地改善棚内光照。据我们测定，铺设地膜比不铺地膜的棚内光强增加30%左右。

③ 棚膜选用性能良好的无滴膜。由于棚内外存在温差，用普通聚乙烯膜罩棚，会在膜的内表面形成大量水滴，不仅增加棚内湿度，而且水滴可吸收、反射太阳光，降低膜的透光率，使用无滴膜可明显地降低棚内湿度，增加透光率。另外，天气晴好的中午在不影响保温的前提下“扒缝”通风，

也有助于降低棚内湿度。

四、二氧化碳

CO_2 是植物光合作用的主要原料，也是构成作物产量的物质基础。当环境中 CO_2 低于一定浓度（CO_2 补偿点）时，净光合为零，甚至“入不敷出”。若植物长期处于“饥饿”状态，则营养物质积累减少，生长衰弱，抗逆性降低，甚至造成大量落花、落果和大幅度减产。桃树覆膜后至谢花期，叶片尚未展开，光合作用微弱，棚内 CO_2 能够满足需要。但坐果后，叶片逐渐展开，新梢开始生长，需要叶片进行旺盛的光合作用以产生大量的光合产物。但是，这时正值早春，棚内外温差较大，不宜通风，光合作用使棚内 CO_2 浓度迅速降低，远远低于棚外正常水平（330mg/L）。据测定，大棚在上午 8 时左右，CO_2 浓度就已经降至桃树 CO_2 的补偿点。因此，适时、适量地给棚内补充 CO_2，对于增强桃树抗逆性，减轻生理落果，提高产量和品质十分重要。

CO_2 施肥从第一次生理落果期（果实呈黄豆大小）开始至 4 月下旬大面积放风时结束。具体时间是每天早上揭草苫时开始，中午放风前结束，阴雨天不施。CO_2 的施用量：最好能使棚内 CO_2 浓度提高至 500～600mg/L 的水平。施肥方法为根据 CO_2 的来源，可采用以下几种方法：

1. 钢瓶装液体 CO_2

将市售的二氧化碳钢瓶买回放置温室或大棚的中间，在减压阀上开装直径为 1cm 的塑料管，在距离棚顶 50cm 处固定好。在塑料管上每隔 100cm 左右用细铁丝烙一直径为 2mm 的放气孔，注意孔的方向，使棚内接气均匀。一钢瓶 CO_2 在 $667m^2$ 的面积上可用 25 天左右，平均每天的费用约 2 元。

2. 碳铵-稀硫酸法

在温室或大棚内吊挂5个塑料桶，桶内盛1/3容积的工业稀硫酸（市场有售），每天揭草苫后，向每个桶内放碳酸氢铵（化肥）1kg，可有大量的CO_2气体产生。一段时间以后，若再向桶内放碳铵无气体产生时，说明硫酸已用尽，可再向桶内加一些碳铵，并加水稀释，可作为肥料（硫酸铵）使用，这种方法简便、实用，成本也较低。

3. 预防有害气体危害

在设施内施用的有机肥必须经过充分腐熟。施用氮肥时，要采取少量多次的办法，最好和过磷酸钙混合使用，施后多浇水，可以抑制氨气的挥发。有亚硝酸气产生的可能时，应施用石灰阻止它的挥发。使用二氧化碳发生装置时，要使燃料充分燃烧，并要经常检查烟道，及时堵塞漏洞，以防一氧化碳有害气体进入设施内。要加强设施的通风换气，使其从自然空气中得到二氧化碳的补充。此外，还可选用无毒的农膜，以免设施内空气受到毒化污染。

检测设施内是否有氨气产生，可在早晨放风前，用pH试纸测试棚膜上水滴的酸碱度来判断，如果呈碱性，就表示有氨气积累，应及时放风换气。

第四节　树体管理

一、整形修剪

1. 整形

根据近几年的研究结果，在设施内高密栽植条件下，主干形（圆柱形）整枝可形成较大的树冠和叶幕面积，有利于缓和树势，提高坐果率，充分利用设施内空间，实现立体结果，产量显著高于传统的开心形。另外，圆柱形整枝还改善了冠内光照条件，果实的外观和品质也得到明显改善。具体整形过程如下（以芽苗为例）：

接芽萌发后，不摘心，加强肥水管理，促其自然生长。每层3个枝组，层间距15～20cm，相邻两层枝组错落排列，枝组一般不摘心。根据温室或大棚的高度和走势确定圆柱体的高度，靠边1～3行主干高应控制在距棚膜40～60cm，中间几行主干距棚膜的高度不应小于70～100cm，以便于棚内空气流通。待主干长到所要求的高度后，摘心，使整个树冠呈圆柱形（图4-6）。

图4-6 设施栽培桃主干形（圆柱形）整形

在整个夏季生长过程中，如果必要，可以插竿扶持，保持中央领导干的直立向上，侧枝粗度超过主干粗度1/3时，要及时拉、扭或疏除，避免形成竞争。这种树形的特点是结果枝直接着生在主干上，不培养侧枝，仅在树体中下部配置小型结果枝组。

2. 冬剪

在12月上、中旬覆膜前进行。由于设施内影响坐果率的因素较多，所以，冬季修剪宜轻不宜重，以轻剪长放为主，疏除没有花芽的直立徒长枝和过密的细弱枝，要尽量多留花枝，待坐果后，对没有着果的多余空枝，再进行补剪、疏除。

以长梢修剪为主，疏除粗度超过筷子的侧枝，对于一般结果枝不短截。

3. 采后修剪

设施内采用的是高密栽植，一般定植后第二年即基本郁闭，采果后修剪的主要特点就是重剪回缩，促使其再生新的树冠，以保证连年丰产。具体方法如下：

5月上、中旬，果实采收结束后开始修剪。先将主干按50～80cm高度回缩，然后将上年的结果枝从主干附近剪除，剪口下留一对芽，以抽生新的结果枝供来年结果。修剪时注意两点：一是防止修剪过重，要保留当年抽生的新枝和下部的细弱老枝（上年结果枝）作为临时辅养枝。研究表明，若在生长季将树冠全部剪除，易造成地下根大量死亡，引起树势迅速衰退，甚至死树；二是主干要根据大棚或温室的走势，在50～80cm高处剪除，不宜太高，否则，再生枝将集中在上部，造成下部结果枝过少。

二、土肥水管理

1. 土壤管理

设施栽培是高度集约化的栽培方式，适宜精耕细作。因此，建园前，沙荒地、贫瘠地、盐碱地、太黏重的土地都要进行适度改良，必要时，也可以换土。我国西部戈壁滩或沙漠地带可尝试基质栽培。

设施栽培条件下，由于栽植密度较高，一般种植当年就可以封行，因此，不能间作其他作物，多实施清耕。

桃树根系好氧，适宜土质疏松、排水通畅的沙质土壤。定植当年，每次浇水后或下雨后都要进行松土保墒，使土壤始终处于疏松状态，有利于根系活动和树体生长。冬季修剪后，覆地膜前，要进行一次深耕松土，以增加土壤含氧量。

果实采后修剪结束，结合施肥，要进行一次 10～15cm 的深翻，以适度断根，刺激发新根，既能扩大根系体积，又有利于根系更新复壮。

对于结果多年的设施桃园，要注意监测土壤 pH 值的变化，发现大的偏差要及时调理，使之处于 pH4.5～7.5 之间。硫酸铵可以降低 pH 值，草木灰可以提高 pH 值。

2. 施肥

除定植时施足底肥外，每年还要根据桃树生长发育的规律适当追肥。

定植当年，当新梢生长至 15cm 以上时，追施速效肥(以氮肥为主)，少量多次，每 15 天一次，直至 7 月初。每次施肥后，要及时浇水，深锄松土。但 7 月初之后，不宜再施氮肥，防止贪青徒长，影响花芽分化。

3. 灌溉与排水

没有滴管条件的温室，可在冬季修剪后、扣棚前，浇一遍透水，待地表发白时深锄松土，之后铺设地膜，这样，整个冬季也可不灌水。

北方不少温室为半地下式，有利于冬季保温。但是，往往给雨季防涝带来隐患。要注意以下几点：一是在温室周围构筑防水堰，谨防地面雨水流入温室；二是在建设温室时设置排水孔，并保持畅通，通往温室外地势更低的渠沟；三是起垄栽培。

三、花果管理

1. 促进花芽形成和分化

形成大量饱满充实、发育良好的花芽是获得丰产的前提和基础。为此，要采取精细的技术手段，调控桃树营养生长的节奏。每年的7月中旬之前，要采取一切必要的技术手段，加强土肥水管理，通过摘心、扭梢，促进树冠的形成。7月中旬以后，通过控肥、控水，叶面喷施200倍15%多效唑，抑制新梢延长性生长，使其从营养生长向生殖生长转化，促进形成花芽，因为只有新梢进入缓慢生长期，才能形成花芽。8月中旬以后，还要进行一次夏剪，主要是疏出徒长枝、过密枝，改善冠内光照，促进花芽的分化和发育。

2. 授粉受精

授粉是指雄蕊的花粉通过昆虫、风等媒介，被传送到雌蕊的柱头上；受精则是指花粉在柱头上萌发，雄配子通过花粉管进入雌蕊胚囊，与雌胚子结合的过程。授粉受精良好，是保证丰产的前提条件。具体要注意以下几点：

① 要保证花粉发育良好。树体营养生长均衡，树势壮而不旺，花芽量足而饱满。盖棚升温后，棚内温度不超过25℃，保证花粉发育良好。

② 主栽品种如果没有花粉或花粉少，要注意配置花期一致的授粉品种。

③ 花期应将棚内相对湿度控制在50%以下，以保证花药正常开裂，散出花粉。

④ 由于设施内缺少昆虫、风等传粉媒介，一般需要人

工辅助授粉。人工授粉的具体办法是：当棚内桃花盛开时(25%桃花开放)，用鸡毛掸子或铅笔的橡皮端，蘸取雄蕊的花粉，轻轻授向雌蕊的柱头。如果有条件，也可以人工放置蜜蜂或授粉专用的壁蜂辅助传粉。

3. 疏花疏果

由于设施内影响坐果的因子较多，为保证足量的坐果率，一般不疏花，待坐果后，根据需要再行疏果、定果。

疏果应在第一次生理落果结束，大小果逐渐分明时进行。疏果时，首先疏除畸形果、并生果（俗称双胞胎），保留发育正常的大果；其次，掌握以下原则：长果枝留果 3～4 个，中果枝留 2～3 个，短果枝留 1 个，外围、上部宜多留，内堂、下部少留。另外，疏果时还要考虑品种的特性，坐果率高的品种（如图 4-7 中油桃 4 号、中油桃 5 号）可以

图 4-7 ‘中油桃 4 号’油桃设施栽培结果状（见彩图）

一次疏果一次到位，坐果率低的品种，要分 2～3 次疏果，第一次宜轻不宜重；大果形品种可以适当少留果，小果形品种宜适当多留果。

4. 促进果实着色和成熟

（1）吊枝　吊枝的目的是改善树体和果实的光照条件，增进光合作用和果实着色，它是设施内高密条件下的一项重要措施。具体方法：先用 16 号铁丝在棚内上部结成 1m×1m 的网格，距地面高度 2m 以上，再用细绳把下垂的长果枝拉到树冠上，成斜立枝，把长果枝调整到缺枝的空间，细绳系到铁丝上，力争使每个果枝和果实都享受到良好的直射光（图 4-8）。

图 4-8　设施栽培桃吊枝和铺反光膜（见彩图）

（2）修剪与摘叶　果实发育中后期，为改善冠内光照，需要及时疏除过密枝、无果枝，特别是上一年留的结果枝但没有着果的枝条，但每一个果枝基部应留一个当年萌发的新梢，以留作来年结果，但如果直立、过旺，可短截或疏除。

果实发育后期，为促进果实着色，改善油桃的光泽度，可以摘除贴近果面的叶片和遮挡果实的叶片，对着色非常有利。但要防止摘叶过多、过重，影响光合作用，进而推迟果实成熟，并导致品质下降。

（3）铺设反光膜　果实发育中后期，通过吊枝、合理修剪和摘叶，可使地面得到少量直射光。接着，如果在地面全面铺设铝箔单层反光膜，可以明显增加棚内散射光，改善冠内光照，可以促进果实着色，增进光合作用，提高果实品质。

四、病虫害管理

设施条件下，桃树生长在相对封闭的环境内，且温室外正值害虫冬季低温休眠，所以，只要管理适当，虫害发生并不严重。

常见的主要虫害是蚜虫。一般升温前喷一遍波美度5°Bé石硫合剂，花蕾膨大、即将开花时，及时喷一遍吡虫啉即可防治。如发生严重，可在谢花后加喷一次杀虫剂。夏季郁闭桃园、通风不良，可能发生介壳虫危害，可按露地常规方法治理。

由于设施内湿度较大、光照减弱、通风不良，容易发生病害。常见的有细菌性穿孔病、白粉病等。防治上除了认真清理枯枝、落叶、烂果，消灭越冬病原外，还可用药剂防治。在桃树萌芽前，喷施 4～5°Bé 石硫合剂，可以防治多种病虫害。病害严重时，可在落花后喷施 65％代森锌可湿性粉剂 500 倍液，每隔 10 天左右喷一次，连续喷 3～4 次。

五、果实采收及采后管理

1. 果实采收

（1）采收期的确定　果实的采收期取决于果实的成熟度及采收后的用途。过早采收，达不到应有的果实大小和重量，而且果实的品质也难以满足人们的需求；采收过晚，虽可以有较大的果个和较好的品质，但果实往往变软，在贮藏及运输中很容易腐烂而造成损失。一般作为在当地销售的桃果，采收后立即销售，可以适当晚一些采收，但也应在果实九成熟左右时采收；作为长期贮藏和远途运输的果实，可以适当早采，一般在八成熟时采收较好，这样既可以保证较大的果个和较好的品质，也可减少贮藏运输过程中的损耗。

桃果成熟度的判断，主要依据果实的硬度、果皮颜色、果实的生长期等。一般随着果实成熟度的提高，果实的硬度下降，变得有弹性，果面富有光泽，果实着色也开始发生变化。如华光、艳光等白肉油桃品种底色由绿变白，紧握果实有弹性时即达到九成熟，可以采摘上市，作为远距离运输还可以适当早采；而对于有些着色较早，不容易判断成熟度的品种，如曙光油桃等，则主要根据其果实的生长期长短、果面是否富有光泽及果实的弹性来判断，不能仅根据果面是否变红作为适时采收的依据。

桃果在采收时要注意当天的天气情况，阴雨、露水未干或浓雾时采收会使果皮细胞膨胀，容易造成机械损伤，而且果面潮湿易导致病原微生物的入侵。晴天的中午或午后采果，果实本身温度过高，且不易散发，这些都可能给果实的腐烂带来便利条件。采收前还应避免灌水，以免品质下降及果实水分含量增大而不利贮藏。因此，桃果的采收应选在晨露已经消失，天气晴朗的午前进行。

(2) 采收注意要点　桃果在采收的过程中还应尽量减少果实损伤，在采收时最好用专用工具摘果，如果用手摘果，一定要注意先剪齐指甲，最好能戴上手套，并小心用手掌托住果实，均匀用力，左右摇动使其脱落。在整个采收过程中应注意轻拿轻放，特别注意减少果实的擦伤、跌伤及不易发现的手的握伤等损伤。机械损伤是造成病原微生物入侵，导致果实霉烂的最主要的原因，因此在采收过程中，应尽可能地避免一切机械损伤，在包装时应该挑出受伤的果实，而且在运输过程中尽量防止碰撞等受伤带来的损失。

2. 桃果实商品化处理

(1) 预冷　在田间采收后，果实本身温度较高，代谢活动较强，如不采取有效措施，果实会继续其较强的代谢活动，迅速变软，或因采收过程中的损伤而褐化、腐烂。采后采取有效措施降低果实温度，可以有效地抑制果实的代谢活动，降低养分消耗，减少失水，保持果实本身的成熟状态。桃果在采收后迅速预冷至0～1℃，可有效地抑制果实的生理活动。

可采用的预冷措施有：井水预冷、冷库预冷或摊放在阴凉的树荫下等。

(2) 杀菌　桃果在贮藏过程中易感染微生物而大量腐烂，合理的农业管理措施有利于减少微生物的侵染，但是，果实从田间采回时仍不可避免地携带有导致腐烂的各种微生物，因此在采后及贮藏前仍有必要对果实进行杀菌处理。一般常规的杀菌措施主要是采用杀菌剂对果实进行浸泡处理，但因此而带来了对果实的污染，随着人们对健康及环保的关注，用有害化学药剂处理的果实越来越不受人们的欢迎，一种新的杀菌方式也应运而生，这就是辐照处理。电离辐射能有效抑制微生物引起的果实腐烂并减少害虫的发生，同时还可延缓果实成熟，起保鲜作用。现已在各种食品等的保鲜上得到广泛的应用。除此之外，采用低温和气调贮藏也可抑制病害的发生。

3. 桃果实保鲜、贮藏措施

经过预冷和杀菌处理的果实，可采取以下措施进行保鲜：

（1）保鲜袋　将果实放于保鲜袋内，能显著降低袋内 O_2 浓度，增加 CO_2 浓度，形成有利于抑制果实呼吸作用，抑制乙烯生成的气调环境，从而减少失重及果实硬度下降的速度，延长保鲜时间。

（2）乙烯吸收剂　在贮藏过程中加入乙烯吸收剂吸收乙烯，如活性炭、仲丁胺等，有利于减缓呼吸高峰的出现，减缓果实硬度的下降。

（3）保鲜剂　保鲜剂是提高贮藏果实质量的辅助措施，具有抑制果实呼吸代谢，控制病菌生长，防止病菌侵染果实而造成的果实腐烂等作用。与低温配合使用，能取得更加理想的效果。

（4）冷藏　可采用 1～5℃之间的恒定低温或波动温度贮藏，也可采取变温处理，即在低温下贮藏约 2 周左右，再升温到 18℃经两天，再降低温度进行低温贮藏，如此反复处理。变温冷藏可减轻果实冷害，并可延长贮藏寿命。

（5）气调贮藏（CA 贮藏）　将桃放于 1%O_2、5%CO_2 气体条件下贮藏，结合冷藏效果更好。前面提到的使用保鲜袋，实质上也是一种自然的气调措施，果实在密闭的保鲜袋中进行呼吸作用，使内部的气体成分发生改变，CO_2 浓度逐渐升高，O_2 浓度逐渐降低，最后达到稳定状态。

总的来说，油桃的贮藏性较水蜜桃好，不同肉质的油桃贮藏性能也不一样，应结合品种本身的特性确定合理的贮藏保鲜措施，以达到理想的贮藏保鲜效果。

4. 树体采后管理

（1）采后修剪　见本章第四节

（2）土肥水管理及树势调控　修剪后 2～3 天，每亩施 18kg 尿素，15kg 过磷酸钙，20kg 硫酸钾，立即浇一遍透水，地皮发白后，及时松土，约 10 天后可长出新梢。此后要加强夏季管理，一方面，根据墒情和树势，及时浇水、施肥、松土，必要时结合叶面喷施，目的是为树体生长提供最佳土肥水条件；另一方面，及时抹芽摘心，在主干剪口下选一健壮萌芽，扶作中央领导干，按圆柱形整枝。这样，一般在 7 月中旬之前又可形成新的树冠，从 7 月中旬之后开始控水、控氮、增磷，叶面喷施 200 倍左右的多效唑（15％可湿性粉剂），喷两次 0.3％磷酸二氢钾（间隔 10 天），控制营养生长，使其向生殖生长转化，当年秋季又可形成大量饱满花芽。以后，每年采果后均照此管理。

第五章
设施樱桃生产技术

樱桃是最早熟的水果品种，而且不耐贮藏，市场供应期短，如果采用温室或塑料大棚等设施栽培，成熟期还可以提前1个月以上，使市场的供应期延长到2～3个月，满足市场需求的同时也明显地提高了樱桃的价格，获得更高的经济效益。实践证明，利用保护地栽培，使樱桃得到更好的人工保护，避免了冬季抽条问题，同时也可以克服大风的不利影响，还可以解决果实成熟期遇雨裂果和易遭鸟害等难题。所以设施樱桃栽培发展非常迅速。

在欧美及日本20世纪70年代开始樱桃设施栽培方面的研究，80年代后大量发展，例如日本全国采用各种类型设施栽培的面积约占大樱桃总面积的1/4。我国山东烟台1991年开始进行了塑料大棚栽培，在辽宁大连、北京郊区近几年也相继发展保护地栽培，并初步取得了成功。

根据栽培目的分，樱桃设施栽培基本上可分为以下几种：

促早熟栽培。主要包括为解决东北和新疆北部冬季最低温度在－25℃以下大樱桃不能露地越冬的地区栽培大樱桃，或山东、北京和辽宁等地以保证生长期不发生冻害并加速樱桃果实的生长，提早樱桃成熟上市期而进行的设施栽培，设施主要有各种日光温室、塑料大棚以及现代化的连栋温室。

延迟成熟栽培。在晚熟栽培区为了进一步延长樱桃的供应期，而采取的一种设施栽培方式。

避雨栽培和花期防霜冻栽培。为避免过多降雨引起病害和裂果以及花期冻害的一种设施栽培方式。

防鸟害栽培。为了防止鸟类对成熟樱桃的取食危害而采取的栽培方式。

由于樱桃促早熟栽培效益比较高，而生产技术与露地栽培有较多不同，所以本章前四节重点介绍樱桃的促早熟栽培，第五节对樱桃的其他设施栽培技术进行简要介绍。

第一节　适于设施栽培的主要品种

樱桃分欧洲甜樱桃（简称甜樱桃，俗称大樱桃）、欧洲酸樱桃（简称酸樱桃）、中国樱桃（俗称小樱桃）和毛樱桃。由于大樱桃和中国樱桃鲜食品质好，是设施栽培的主要类型。

根据樱桃设施栽培要达到的目的，栽植的品种应有所选择。如果是简单的防雨、防花期冻害栽培，选用的品种和当地露地栽培选用的品种相似；如果进行延后成熟栽培，原则上应采用晚熟品种；如果是促早熟栽培，原则上是选用早熟品种，搭配少量早中熟和中熟大果型品种。

一、适于设施栽培的中国樱桃品种

中国樱桃休眠期较短，植株相对矮小，且自花授粉结实，适宜保护地栽培。下面对适宜保护地栽培的优良中国樱桃品种加以介绍。

1. 大窝娄叶

原产于山东枣庄地区，果个大、品质好、色泽艳丽，是保护地栽培的主栽品种之一。果实较大，平均单果重 2 克。果实近圆球形，果尖不明显，果柄粗短。果实成熟时果皮为深红色，完熟时紫红色，果皮中等厚，易剥离。果肉黄色，汁多，粘核，味甜，品质好，较耐瘠薄干旱，对土壤条件要求不很严格。

2. 短柄樱桃

也称诸暨短柄樱桃，是中国樱桃中的一个优良品种，原产于浙江，为落叶小乔木，无明显中心主干，树势开张，呈圆头形。本品种果个大，平均单果重 3.3g；可食率为 86.25%。与长柄樱桃相比，短柄樱桃具有果形大，色美味甜和成熟期早 2～3 天，可溶性固形物含量比长柄樱桃高等优点。鲜食品质好，保护地栽培有较好的发展前景。但是在中国樱桃中算是树体比较高大的，保护地栽培应注意控制树冠。一般需要低于 7.2℃的低温 80～100h 能够通过休眠。樱桃树进行扦插和嫁接，一般 3 年始果，经济寿命期 20～30 年。

3. 超早红樱桃

超早红是山东省枣庄市果树科学研究所从大窝蒌叶樱桃和大尖叶樱桃天然林中选择的偶然实生单株选育而成的极早熟樱桃新品种，2007 年 11 月通过山东省林木品种审定委员会审定。早果性好，较一般中国樱桃提前 2～3 年进入丰产期，较大樱桃提前 4～5 年进入结果期。多年生枝连续结果能力较强，较稳产。叶片椭圆形，叶色浓绿色，大小约有普通中国樱桃叶片的 2～3 倍。低温需冷量约为 300h，适合保护地促成栽培。果实较大，果个是普通中国樱桃品种的 1.5～2 倍，果实扁圆球形，果形端正，畸形果极少。单果重 4.2g，最大单果重 4.5g，果肉细而多汁，甜酸适度，品质上等，当地 4 月下旬成熟。果皮鲜红色，色泽艳丽，富有光泽，果肉粉红色，溶质，风味甜，果柄长 2.46cm。皮薄，贮运性稍差，常温下货架期 3 天左右，采用冷藏能保存 10 天左右，适宜在城市近郊或工矿区附近发展。含可溶性固形物 21%，核小，核重 0.24g，半粘核，可食率 94%。抗病性强，据观察，超早红樱桃流胶病、细菌性穿孔病等病害发生较少；抗寒性强，2007 年 3 月中旬山东省枣庄市发生了倒春寒，气温在 10h 内骤降了 10℃以上，给樱桃生产造成了较大影响，但当年超早红仍能维持较好的产量，而其他樱桃品种几乎绝产。

4. 莱阳矮樱桃

又名中华矮樱桃，原产于山东省莱阳市，20 世纪 80 年代由莱阳市农林局发现，是中国樱桃的一个矮生类型，1991 年通过鉴定并命名。果实圆球形，平均单果重 2.94 克，果皮深红色，果肉淡黄色，肉质致密，风味香甜。树体紧凑矮小，仅为普通型樱桃树冠的 2/3 大小；树势强健，树姿直立，枝条粗壮，节间短。叶片大而肥厚，椭圆形，叶色浓绿，有光泽。根系较大叶草樱发达，粗根多，分布深，固地性强，较抗倒伏。对土壤要求不严格，山丘、河滩地均生长良好，但最好不要在黏土地上建园。适应性强，结果早，丰产稳产。在山东莱阳 5 月中旬成熟。果实大、品质好，适宜保护地栽培。

5. 滕县大红樱桃

原产于山东省枣庄市。果实圆球形，果顶圆而稍平。果梗较粗短，梗洼圆形、浅而广。平均单果重 1.5g，成熟时果皮橙红色，有光泽，果肉橙黄色，粘核或半粘核，果汁量中等，味甜微酸，有香气，品质好。树势强健，树姿半开张。萌芽力较强，一般除枝条基部1～2个芽不萌发外，其余各芽均能萌发成枝，树冠茂密，但潜伏芽萌发力弱，内膛易空虚，修剪上要注意疏枝和及时回缩更新。分株后2～3年开始结果，丰产。

6. 黑珍珠樱桃

是中国樱桃的芽变优株，1993年重庆南方果树研究所选出，因成熟时果皮紫红发亮而得名。果实大，平均单果重4.5g。果形近圆形，果顶乳头状。皮中厚，蜡质层中厚，底色红，果面紫红色，充分成熟时呈紫黑色，外表光亮似珍珠。果肉橙黄色，质地松软，汁液中多，可溶性固形物含量22.6%，糖17.4%，酸1.3%，风味浓甜，香味中等，品质极上。半离核，可食率90.3%。在重庆地区1月下旬至2月上旬萌芽，2月中下旬开花，4月中下旬果实成熟，11月下旬落叶。树冠开张，树势中庸。萌芽力强，成枝力中等，潜伏芽寿命长，利于更新。以中短果枝和花束状果枝结果为主，长枝只在中上部形成花芽结果，幼树中长果枝结果较多。成花易，花量大，自花结实率64.7%。黑珍珠樱桃发祥于南方高温高湿的重庆地区，对高温高湿环境适应性强，抗病力强，不裂果，采前落果极轻。需冷量150h左右（图5-1）。

7. 崂山短把红樱桃

原产于山东青岛崂山一带，为当地主栽品种。树势强健，树姿半开张。叶片中等大，椭圆形先端渐尖；叶柄粗，腺体大。萌芽力强，成枝力中等。以中短枝结果为主。果实较大，平均单果重2克。果实近圆球形，果尖不明显，果柄粗短。果实成熟时果皮为深红色，完熟时紫红色，果皮中等厚，易剥离。果肉黄色，汁多，粘核，味甜，品质好，青岛地区露地栽培5月中旬开始成熟，成熟期不一致，需分批采收。本品种较耐瘠薄干旱，对土壤条件要求不很严格。

图 5-1　中国樱桃品种‘黑珍珠’
（烟台农科院　孙庆田摄）（见彩图）

8. 诸城黄樱桃

又名樱黄，原产于山东诸城、五莲、日照等地。树势中庸，树姿半开张。分株后 3～4 年开始结果，较丰产。果实大，平均单果重 2.5g，果实圆球形，果皮橘黄色，果皮厚，向阳面有红晕，有光泽，外观美。果肉黄色微红，具弹性，较耐贮运。果汁多，甜酸适度，风味好，品质优。当地露地栽培 5 月上中旬成熟。本品种喜深厚土壤，对肥水条件要求较高，抗旱力差。

9. 大鹰紫甘樱桃

又名大鹰嘴，产于安徽太和，树势强健，树姿直立。叶片较大，卵圆形。果实较大，平均单果重 1.7g，心脏形，果实先端有尖嘴；果柄细长，果皮较厚，易与果肉分离。完熟果实的果皮色泽为紫红色，鲜艳。果肉黄白色，离核，肉厚汁多味甜，果汁内含可溶性固形物为 22.2%，品质好，是优良生食品种。当地露地栽培 4 月底至 5 月上旬成熟。

二、适于设施栽培的大樱桃品种

由于大樱桃果个大、颜色鲜艳以及相对耐贮运，大樱桃设施栽培的效益更高，所以目前设施樱桃生产上更多的是选用大樱桃品种。不同大樱桃品种的温室栽培表现明显不同，所以品种的选择是设施促成栽培成功与否的关键。大棚或温室栽培大樱桃，应搞好品种搭配，品种选择应以早熟品种为主，适当配备一些中晚熟品种，品种应具有结实率高，果个大、果色红、需冷量低、丰产，抗裂果，综合经济性状优良，树势中庸，树形紧凑或矮化，耐湿，耐弱光等性状，自花结实率高的品种更佳。另外需配置 2～3 个与主栽培品种花期一致、花芽量大、花粉发芽率高、成熟期相近、需冷量基本相同、经济价值高的品种为授粉树，主栽品种与授粉树的比例以（3～4）∶1 为宜。授粉树不足时，可在原有树体上高接授粉品种。

大樱桃设施栽培可供选择的品种较多。目前各地仍以红灯、美早为主，另有少量的萨米脱、先锋、拉宾斯、佳红、红艳、早大果、那翁、大紫、宾库、黑兰特、桑提娜、斯巴克等。现把主要优良品种介绍如下：

1. 红灯

大连农科院选育的早熟大果形樱桃品种。果实肾形，整齐，果皮浓红色至紫红色，有光泽，果个大，平均单果重9.6g，最大果重14.0g，果肉较软，肥厚多汁，可食率92.9%，风味酸甜适口，可溶性固形物18.2%，总糖8.25%，果柄短粗，品质优良，耐贮运。果核较小，圆形。树势强健，生长势旺，连续结果能力强，丰产性好。萌芽率高，成枝力强，坐果率为62.6%。果实发育期45天，产量高，是目前温室生产中的主栽品种。休眠期低温需求量850h。采收前遇雨有轻微裂果，裂果率为7.1%。授粉品种可选用红蜜、大紫、滨库、巨红、佳红、红艳、那翁等（图5-2）。

图5-2 大樱桃品种‘红灯’
（上海交通大学 张才喜摄）（见彩图）

2. 美早

引自美国的中早熟优良品种。果实为宽心脏形，平均纵径 2.43cm，横径 2.66cm，平均单果重 11.5g，最大果重 13.4g，果皮全面紫红色，有光泽，色泽鲜艳，果柄短粗。肉质硬脆，成熟不变软，肥厚多汁。风味酸甜可口，可溶性固形物为 17.6%。核卵圆形，中大。果个匀整，抗裂果，极耐贮运。果实发育期 50 天左右。树势强健，树姿半开张，生长旺盛，萌芽力和成枝力均较强。该品种早产、早丰，栽后三年结果，五年丰产。休眠期低温需求量 850～900h，授粉品种为佳红、红蜜、红艳、雷尼等，可作为主栽品种或授粉品种（图 5-3）。

图 5-3　大樱桃品种‘美早’（大连农科院网站）（见彩图）

3. 5-106

大连农科院新选育的极早熟优系。果实宽心脏形，全面紫红色，有光泽。平均单果重 8.65g，最大果重 9.6g。肉质较软，肥厚多汁，风味酸甜可口，可溶性固形物含量

18.8%。6月初果实即可成熟，较耐贮运。

4. 8-129

大连农科院选育的早熟优系。果实宽心脏形，全面紫红色，有光泽。平均果重9.5g，最大果重10.6g。果肉紫红色，质较软，肥厚多汁，酸甜味较浓，可溶性固形物18.74%。风味品质佳，较耐贮运。核卵圆形，较大、粘核。果实发育期40天左右。树势强健，生长旺，树姿半开张，芽萌发力和成枝力较强，可作为授粉品种。

5. 岱红

山东农业大学选育。树势强健，易形成花芽，早果性强。果实圆心脏形，果型端正，果柄短，平均果柄长2.24cm；果皮鲜红至紫红色，色泽艳丽，果肉粉红色，近核处紫红色，甜酸可口，可溶性固形物15%，离核，可食率高。尤抗裂果，在烟台5月17日成熟，比红灯早熟4～6天，平均单果重11g，最大可达14.2g，是一个极具发展潜力的早熟大果型优质品种。岱红樱桃低温需求量为7.2℃以下1400h。

6. 拉宾斯

加拿大培育的中熟品种，6月下旬成熟，果实紫红色，有光泽，心脏形，果肉厚，硬脆，果汁多，果皮厚且有韧性。果个较大，平均单果重11.5g，最大单果重13g。坐果率68.2%，裂果率7.7%。果实发育期50～55天，株产2.5kg，含可溶性固形物18.1%，可食率94%，品质优良，味道甜美可口。自花结实力强，早果性好，丰产性突出，连年丰产稳产。抗裂果，抗寒能力强。树势发育均衡，侧枝发育良好，结构合理。与其他品种授粉亲和力高，花粉量大，是良好授粉树，也可做主栽品种。休眠期低温需求量1040h。

7. 佳红

大连农科院育成的中熟品种。果实宽心脏形，果皮底色呈浅黄色，阳面着鲜红色霞和较明晰斑点，外观色泽美，果实大而整齐，平均果重 9.57g，最大单果重 13.5g。果肉浅黄，质较脆，肥厚多汁，风味甜酸适口，品质上乘，为鲜食与加工兼用型品种。可溶性固形物 19.75%，总糖 13.17%，总酸 0.67g，单宁 0.087%，干物质 18.21%，维生素 C 10.75mg/100g。核卵圆形、小、粘核，可食率 94.58%。较耐贮运。果实发育期 50 天左右，坐果率 49.3%，裂果率 10.8%，产量高。树势强健，树姿开张，生长旺盛，芽萌发力和成枝力强，为丰产品种。休眠期低温需求量 950h，可作为主栽品种或授粉品种（图 5-4）。

图 5-4 大樱桃品种‘佳红’（大连农科院网站）（见彩图）

8. 意大利早红

原产法国，又称莫勒乌、莫瑞乌、莫利（莫莉），1990年引入烟台。优良早熟品种，成熟期比红灯早3～4天。果实短心脏形，个大，平均单果重8.5g，最大12g，果色紫红，果肉红色，细嫩，肉质厚，硬度中，果汁多，离核，风味甜酸，品质上等。果梗短粗。可溶性固形物11.5%，含酸量0.68%，不裂果，抗寒抗旱能力较强。树体生长健壮，树姿较开张，幼树萌芽力和成枝力均强，丰产，进入盛果期较晚。栽后三年结果，五年丰产。自花授粉坐果率40%，异花授粉更佳，是大棚栽培的最佳品种之一。花期中晚，花量大，可作为主栽品种，授粉树宜选用红灯、大紫、萨米脱、那翁、滨库等。

9. 明珠

大连农科院最新选育的早熟品种。果实宽心脏形，平均果重9.1g，最大果重12g，底色浅黄，阳面呈鲜红色霞，外观色泽美。风味酸甜可口，肉质脆，品质上等，是目前中早熟品种中品质最佳的，熟期介于红灯与佳红之间。树势强健，树姿半开张，生长旺盛，芽萌发力和成枝力较强，可作为主栽品种（图5-5）。

10. 先锋（Van）

加拿大培育的中熟品种。果实肾脏形，平均单果质量9.1g。果皮紫红色，果肉肥厚、脆硬，可溶性固形物含量16.3%，可食率91%。耐贮运，果实发育期55天（图5-6）。

11. 早红宝石

乌克兰培育的极早熟品种，是法兰西斯与早熟马尔齐的杂交后代。树体大，生长较快，树冠圆形，紧凑度中等。果实阔心脏形，果个小，平均单果重4.8～5g。果皮果肉均为

图 5-5　大樱桃品种‘明珠’（大连农科院网站）（见彩图）

图 5-6　大樱桃品种‘先锋’（上海交通大学　张才喜摄）（见彩图）

紫红色，果肉柔嫩、多汁，可溶性固形物含量14%，可食率90%。品质中等。不耐贮运，果实发育期30天，成熟期比红灯早7～10天。自花不实，花芽抗寒力强，可连年丰产。

12. 雷尼尔

也称雷尼，是美国培育的晚熟品种。果实宽心脏形，果皮底色浅黄，阳面呈鲜红色霞。果个大，平均单果质量10.5g，最大果质量13.6g。肉质脆，风味酸甜较可口，可溶性固形物含量18.4%。耐贮运。果实生育期60天左右（图5-7）。

图5-7 大樱桃品种‘雷尼尔’

（大连农科院网站）（见彩图）

13. 红艳

大连农科院育成的早熟品种。果实呈宽心脏形，整齐，底色浅黄，阳面着鲜红色霞，外观色泽艳丽，有光泽。果个大，平均单果重 9.2g，最大单果重 12.0g。核中大，卵圆形，粘核，果肉厚度 0.99cm，口感酸甜味浓，风味品质佳。含可溶性固形物 18.7%，可食率 93.3%，较耐贮运。树势强健，生长旺盛，树姿开张，芽萌发力和成枝力强，结果早，丰产稳产。坐果率 52.0%，裂果率 10.4%，果实发育期 45 天左右。休眠期低温需求量 850h，可作为授粉品种（图 5-8）。

图 5-8 大樱桃品种‘红艳’（大连农科院网站）（见彩图）

14. 大地红

日本品种。果实扁圆，平均单果重 7.8g，最大可达 10g。果皮紫红色，有光泽，果色艳丽。果肉硬，耐贮运。可溶性固形物含量为 15%左右，品质佳。在胶东地区，果实于 5 月中旬成熟，比红灯早熟 10 天左右。

15. 冰糖樱

大连农科院王逢寿研究员从日本引进，原名‘樱姬’，系日本东根市的藤助新田通过实生选育发现的早熟大果型品种。果形心脏形；单果重 10～13g，比红灯大，是红蜜、黄蜜、水晶单果重的2倍。果面底色黄，着红晕。果肉黄白色多汁，肉质硬。可溶性固形物含量为28%；口感甜，酸味极轻。与红灯同期成熟，熟后树上挂果20天果肉不软，极抗裂果，早实性、丰产性均强。

16. 萨米脱（summit）

又名皇帝，曾译名萨米特，为加拿大于1957年育成，其亲本为先锋×萨姆，为晚熟品种。1988年烟台果树研究所引进。果实特大，单果重达10g左右，果个整齐，成熟一致，畸形果极少。果形长心脏形，稍长，果实初熟时为鲜红色，完熟时为紫红色。果皮上有稀疏的小果点，色泽亮丽。果肉红色，肉脆多汁，含可溶性固形物15%，可滴定酸

图5-9 大樱桃品种‘萨米脱’

（上海交通大学 张才喜摄）（见彩图）

0.52%，风味浓厚，品质佳。果柄短粗，3.6cm，不易落果，雨后裂果较多，抗寒抗旱，花期耐霜冻，易成花，坐果率极高，极丰产且可连年丰产，为晚熟品种，成熟期比那翁晚2~3天。树势强健，树姿半开张。以花束状果枝和短果枝结果为主，腋花芽多（图5-9）。

17. 桑提娜

烟台市农业科学研究院（烟台农科院）1989年从加拿大引进的品种。果实心脏形，果形端正，平均单果重8.6g；果皮紫红色至紫黑色，有光泽；果肉淡红，较硬，味甜，可溶性固形物18.0%，比对照品种红灯高3个百分点；有自花结实特性，果实发育期50天左右，在烟台地区6月上旬成熟，成熟期集中。早果性优于对照品种，栽后第三年开始结果，第四年亩产235kg，第五年亩产748kg。选用美早、黑珍珠等品种为授粉树（图5-10）。

图5-10　大樱桃品种‘桑提娜’（烟台农科院　孙庆田摄）（见彩图）

18. 黑兰特

果形呈宽心脏形，果柄长。果皮宝石红色，晶莹亮泽，果肉及汁液呈紫红色，汁中多，酸甜适口，风味浓郁，品质优良，含可溶性固形物13%～16%，总酸0.78%，维生素C 457mg/kg鲜果肉。果实肉质较硬，耐贮运性好，常温下货架期6～7天。果核呈椭圆形，粘核。比大紫早熟7～8天。果实发育期40天左右。

19. 早大果

1997年从乌克兰引进的大樱桃品种，原代号乌克兰2号。果实广圆形，单果重9～12g，最大果重18g，果柄长，较粗，果皮果肉果汁均为深红色。果肉软而多汁，味酸甜，可溶性固形物16.1%～17.6%，略高于对照红灯，鲜果品质较好，适于鲜食。果实发育期35天左右，成熟期比红灯早3～5天，属早熟品种。树势中庸，树姿开张，枝条不太密集，中心干上的侧生分枝基角角度较大；一年生枝条黄绿色，较细软；结果枝以花束状果枝和长果枝为主。

20. 斯巴克

也有的翻译成‘斯巴克里’。加拿大晚熟品种，单果重10g左右；果个大，心脏形，果皮深红色，果肉粉红色，质硬，品质佳；果柄短，肉硬脆，味甜，不裂果；成熟期一致，结果早，极丰产，结果成串；耐瘠薄，耐贮运。

21. 艳阳

加拿大1965年育成，1988年引入我国。中晚熟品种，果个极大，平均单果重13.1g，大者可达23.5g；近圆形；果梗中长，比拉宾斯细；果皮红色至深红色，有较好的光泽；肉质软，甜味浓，品质上。不抗裂果。树势强健，长势较旺，自花授粉品种，自花结实率高，丰产、稳产（图5-11）。

图 5-11 大樱桃品种‘艳阳’（烟台农科院 孙庆田摄）（见彩图）

22. 龙冠

系中国农业科学研究院郑州果树研究所培育并通过审定的大粒甜樱桃新品种。果实宽心脏形，果个大，平均果重6.8g，最大可达12g。果面全面呈宝石红色，充分成熟后为浓红色，晶莹亮泽，艳丽诱人。果肉及汁液呈紫红色，汁液中多，甜酸适口，风味浓郁，品质优良，可溶性固形物13%～16%，总糖 11.75%，总酸 0.78%，维生素 C 45.70mg/100g。树体生长健壮，抗逆性强。适应范围较广，有较强的自花结实能力，自花坐果率在25%以上，产量高而稳定，盛果期（6年）667m^2产可达1200kg。郑州地区4月上旬开花，5月中旬果实成熟，果实发育期40天左右，成熟期较为一致。

23. 布鲁克斯（Brooks）

美国品种。果特大型，扁圆形，皮色鲜红，果肉紫红色，风味极甜。平均单果重9.4g，最大13g。显著特点是早熟、大果、短柄、色紫、肉硬、味甜、丰产，适合大棚栽培。可食率93.8%。耐贮运，比红灯晚熟3天，花期同红灯，自花不实，需配置授粉树（图5-12）。

图5-12　大樱桃品种‘布鲁克斯’
（烟台农科院　孙庆田摄）（见彩图）

牟德生等2004～2009年连续6年在甘肃省武威市日光温室中对引进的10个大樱桃品种进行栽培试验观察，综合各品种果实主要经济性状、早期丰产性和抗逆性等的试验结果，认为岱红、黑兰特、美早、早大果、桑提娜、黑珍珠、斯巴克7个品种树体生长正常，果个较大，可溶性固形物含量在17.0%以上，6年生树平均株产在10.0kg以上，坐果率较高，适宜在甘肃武威地区及其气候相似地区日光温室推广栽培。

三、适宜设施栽培使用的大樱桃砧木类型

一般在温室中栽培大樱桃，要选择矮化、抗病、与大樱桃品种嫁接亲和性好的砧木类型。主要砧木品种介绍如下：

1. 吉塞拉5号（Gisela 5）

吉塞拉5号樱桃矮化砧木由德国育成。与大多数大樱桃品种嫁接亲合性良好，具有明显的矮化、丰产、早实性强、抗病、抗寒、产量效率高等优点。嫁接在吉塞拉5号砧木上的大樱桃树体大小仅为马扎德标准树冠的45%，树体开张，分枝基角大，便于管理操作。其前期对栽培品种的矮化效果并不明显，但是能改善树体光合性能，加速营养积累。进入结果期后，吉塞拉5号矮化效果开始显现，且能有效改变树体枝类组成，促发短枝，有利于大樱桃早果丰产。抗樱桃坏死环斑病毒（PNRSV）和李矮化病毒（PDV）。土壤适应性广，在黏土地上表现良好。萌蘖少，固地性能良好，但仍需支撑。有研究认为，吉塞拉5号在土壤含盐量为0.2%时仍然能正常生长。吉塞拉5号砧木具有良好的抗旱能力，但是抗涝性稍差，其半致死温度为－32.5℃，可以有选择地在北方地区发展。

2. 吉塞拉6号（Gisela 6）

该种砧木由德国育成，与大多数大樱桃品种嫁接亲合性良好，具有明显的矮化、丰产、早实性强、抗病、固地性能好、抗寒、产量效率高等优点。嫁接在吉塞拉6号砧木上的大樱桃树体大小为嫁接在马扎德标准树冠的70%～80%，属半矮化砧木，可节省劳力、化学药品，且便于管理操作。嫁接在吉塞拉6号上的大樱桃自然生长树体开张，圆头形，开花早，结果量大。吉塞拉6号自根树及嫁接其上的大樱桃高抗细菌性溃疡病（细菌性流胶病），高抗樱桃坏死环斑病

毒（PNRSV）和李矮化病毒（PDV）。在轻黏土地的苗圃中表现较好的耐涝性，流胶病轻，较耐根癌病，根系较发达，很少有根蘖。冬季耐－30℃低温。

3. ZY-1

中国农业科学院郑州果树研究所从意大利引进的大樱桃半矮化砧木。其自身根系发达，萌芽率、成枝率均高，分枝角度大，树势中庸，根茎部位分蘖极少。它能减缓大樱桃一年生枝的生长速度，从而缩短了一年生枝的长度，使得树高降低，冠幅减少。新梢停止生长早，有利于有机营养物质的积累，有利于花芽分化。4年生开花株率和结果株率均达100％。

4. Pi-Ku系列矮化砧木

德国以灌木樱桃和欧洲酸樱桃为亲本育成的欧洲大樱桃矮化砧木系列。其中，Pi-Ku 4.20树体大小约为马扎德标准树冠的50％～60％，矮化效果、早果性、丰产性、果实大小等性状与吉塞拉5很相似，是一个非常有希望的品系。

第二节　育苗技术

近年来，我国樱桃特别是大樱桃发展非常快，设施栽培樱桃的面积也在不断增长，经济效益很高。而苗木繁育是樱桃产业发展的重要基础，本节将对常用的樱桃育苗技术加以介绍。

一、主要育苗方法介绍

1. 分株繁殖法

分株繁殖是中国樱桃常用的繁殖方法之一，当年即可育成大苗，也可以用来繁育大樱桃的砧木苗，本法的缺点是繁殖系数较低。生产上常采用堆土压条和水平压条两种方法。

（1）堆土压条法　秋末或春季，在选好的母树基部堆起30～50cm高的土堆，促使树干基部发生的萌蘖生根，形成新的植株。翌年秋季或第3年春季，将生根植株剪断取下，直接定植在园中或用作砧木。一般每株母树每年可获取5～10株新苗。

（2）水平压条法　选靠近地面而且有较多侧枝的萌条，将其呈水平状态压于沟中，用木钩固定，然后填土压实，于秋季或翌年春季将已生根的压条剪断，分出新株。

2. 组织培养法

繁殖系数极高，速度快，不受时间限制，各种砧木的繁育都可使用，而且不带或者少带病毒，生长健壮，可进行工厂化生产。其缺点是对技术条件要求较高，需要一定的投资，组培生产中的成本较高，限制了这项技术在生产中的广泛使用。

3. 扦插育苗法

扦插繁殖可用于中国樱桃自根果苗、砧木苗或大樱桃砧木苗的培育。本法对技术的要求不是很高，而且可以大量繁苗，是樱桃生产上广泛使用的育苗方法之一。

（1）圃地的选择与准备

樱桃扦插可以在田间土壤中进行，圃地以地势平坦、坡度小于5°的缓坡为好，易排水，不积涝，坡向南、东南、西南均可。平地育苗应选沙壤土地，地下水位需在1.5m以下，且土层深厚、土质疏松肥沃、排水良好。忌在前茬为樱桃苗或樱桃园的地里育苗。苗圃地整地前每667m^{2}应施入3000～4000kg优质土杂肥，并深耕耙平，整成宽1.0～1.2m、长小于50m的畦。夏季易涝的地方，可采用高畦育苗：畦高20cm、宽80cm，畦间留30cm宽的排水沟。

樱桃扦插也可以在沙床中进行。选择露天宽阔地建床，床池高于地面 30cm，要有排水孔，将洁净的较细河沙填入床池中，搭建小拱棚和遮阳网棚，小拱棚内架设弥雾喷水管。扦插前对沙床喷洒 0.3%的高锰酸钾水溶液（按 5kg/m²）消毒，蒙上棚膜 2 天，再将高锰酸钾淋洗下去，即可扦插。

目前利用穴盘进行扦插的也比较多，选择合适大小的穴盘，采用水草、蛭石、锯末等基质，在塑料大棚中结合覆盖遮阳网以及弥雾喷水管，扦插成活率很高。

（2）扦插

樱桃扦插较易生根，可采用硬枝扦插和绿枝扦插两种方法。

硬枝扦插可以结合冬季修剪采集插条，将枝条剪下来，进行沙藏，春季树液流动时进行扦插，先剪成 10～15cm 长的枝段，上剪口为平口，下剪口为马耳形的斜口。扦插时插条可以覆土，也可覆膜，覆膜时，可将插条上端蜡封 2cm。将插条下端 4～5cm 浸入速蘸生根剂溶液，时间为 2～3s，插条蘸药后立即扦插。扦插时事先用粗 0.7cm 的竹签按 7cm×7cm 密度、深度 4～5cm 插孔。然后将蘸过药的插条插入孔内，压实孔缝。插满一片后立即喷水片刻保湿，插完一棚后做好标记，将小棚蒙上塑料膜，喷透水约 1min。

绿枝扦插在 6～7 月进行，选择阴天的上午最好。从 2 至 5 年生植株上剪取健壮无病虫害、半木质化的当年生新梢，将新梢两端去掉，留取中间较均匀的部分，再剪成 10～15cm 长的枝段。对剪下来的枝段进一步加工，只保留顶部 2～3 片叶，叶长小于 4cm 的留全叶 2～3 片，叶长大于 4cm 的留半叶 2 片（把叶子平截去 1/2 或 2/3），扦插条上剪口为平口，下剪口为马耳形的斜口。剪枝剪要锋利，剪下枝条的茬口平滑，不出毛刺，随采随插。为提高出苗率，扦插前还可将插条下端（约 5cm）浸于 100mg/kg 的生根粉或50～100mg/kg 的吲哚丁酸（IBA）溶液中 4～5h，取出后立即扦插，插后 20 天便可生根，注意生根剂要当天配制当天使用。

（3）扦插后管理

插后管理期为夏季，气温较高，而且中午 12 时至 14 时温度最高，如不采取降温措施，温度达 40℃以上，将造成无法挽回的损失。应采取专人看守，环境温度超高时利用喷水降温，控制在 25～30℃，空气相对湿度 85%～95%。同时，对扦插床四周清理干净、洒石灰粉，避免杂菌侵入。及时清除扦插条脱落的烂叶，防止病害的滋生和蔓延。生根后水适当控制，间隔 1 周喷营养液壮苗，逐步撤除遮阳网和棚膜炼苗。

新梢 20cm 时，要浇水追肥，促进幼苗生长。追肥分为土壤追肥和根外追肥两种。土壤追肥可用水肥，如稀释的粪水、尿素，可在灌水时一起浇灌。根外追肥可用 N、P、K 和微量元素，直接喷洒在苗木的茎叶上，利用植物的叶片能吸收营养元素的特点，采用液肥喷雾的施肥方法。对需要量不大的微量元素采用根外追肥方法，效果较好，这样即减少肥料流失，又可收到明显的效果。根外追肥时应注意选择合适的浓度。微量元素浓度采用 0.1%～0.2%，化肥 0.2%～0.5%。

雨季前，要在幼苗基部培土 5cm。秋季苗高可达 80cm，粗度可达 0.8cm，达到嫁接和出圃标准。

4. 实生育苗法

采用种子实生培育出来的砧木苗具有明显的主根，根系发达，抗逆性强，也是目前常用的育苗方法之一。

（1）采种和种子处理

樱桃果实生长期短，种胚发育不充实，干燥后容易丧失生命力，因此樱桃种子处理与其他果树有所不同。育苗用的种子必须待到果实完全成熟后才能采收。采收后立即去掉果肉，取出种核，用清水冲洗干净，放在阴凉处晾干种子表面，然后立即沙藏。沙藏时先把种子按1∶5的比例与湿沙混合。沙的湿度以用手握成团，伸开手即散为宜。沙藏地点应选择在背阴高燥处，挖一贮藏沟，深50cm，宽80～100cm，先在沟底铺一层10cm厚的湿沙，然后把混合好的湿沙种子放入沟内，厚度一般在40cm左右，上盖10cm的湿沙，再盖以细土至高出地面，防止积水，最上层盖瓦片，以防雨水。

（2）播种与管理方法

翌年春季60%的种子露白时进行播种，播种前灌足底水。春播一般在4月中下旬土壤解冻后进行，适时早播有利于出苗和生长，为了一定程度上延长苗木的生长期，也可以采用小拱棚进行播种，而且可以避免不正常年份晚霜或寒流的侵害，但要注意通风，不能使棚内温度过高。播种方法一般采用条播，行距30cm、沟深2～3cm，播种时将种子均匀撒入沟内，覆土2cm，镇压后根据土壤情况及时浇水。

苗期管理重点做好以下几个环节：

① 定苗。春季播种15～20天幼苗出土，4～5片真叶时要及时定苗，留优去劣，使株距在10～15cm，当年苗高平均可达60cm。

② 松土除草、合理施肥、及时灌溉。定苗后要及时进行松土除草，注意保护幼苗及出土的幼芽。全年通常松土除草5次，要根据圃地情况随时进行。幼苗生长旺期要加强施肥，追施化肥或农家肥，保证苗木的养分供给。同时根据圃

地情况及时浇水，8月底前停止灌溉和施肥，以防苗木徒长，造成越冬干梢。

③ 病虫害防治。苗期病虫害的防治应本着经常观察、早发现、早预防的原则。

害虫主要有地下害虫蛴螬，打孔注入20倍液的70%甲胺磷，防治效果比较理想；叶部虫害较少，主要有红蜘蛛、蚜虫等，为害枝叶，可用无公害、仿生药剂进行防治。樱桃实生苗幼苗期病害主要是猝倒病和立枯病。猝倒病：未出土或刚出土的幼苗发病，幼苗茎基部形成水渍状斑，继而病斑变黄褐色收缩，幼苗猝倒，幼叶仍为绿色，几天后蔓延引起成片猝倒。立枯病：一般发生在幼苗的中后期，患病幼苗茎基部产生椭圆形暗褐色病斑，病苗白天萎蔫夜晚恢复；病斑扩大绕茎一周时，致使病苗茎基部缢缩干枯死亡。立枯病病菌发育温度19～42℃，适温24℃；适宜pH 3.0～9.5，最适pH 6.8。地势低洼、排水不良、土壤黏重或植株过密时发病重，阴湿多雨利于病菌入侵；前茬为蔬菜作物的地块发病重；凡苗期床温高、土壤水分多、施用未腐熟肥料、播种过密、间苗不及时、徒长等均易诱发本病。两种病害均属于苗期根部病害，防治方式基本上相同。建议使用甲霜灵、恶霉灵、甲基硫菌灵等防治，尽量灌根，其次均匀喷雾喷施根部。另外猝倒病用0.3%的硫酸亚铁防治效果也较好。

5. 嫁接育苗法

嫁接育苗一般不作为单独的育苗方法使用，而是用其他方法先繁育好砧木苗之后再行嫁接。

(1) 嫁接时期　当砧木长到筷子粗时（约0.6～0.8cm）可以进行嫁接，在山东等夏季炎热的地区一般春季（萌芽前）和秋季（9月份）进行嫁接。

(2) 嫁接方法　为提高嫁接成活率，嫁接前先将砧木上的露水或雨水处理掉。若天气干旱，应提前2～3天对砧木灌小水，有利于嫁接成活。

① 枝接法。春季发芽前嫁接采用劈接、切接、切腹接和舌接等方法较好。

② 芽接法。樱桃生长季嫁接可采用T字形芽接和带木质部芽接法。

T字形芽接的操作方法为：嫁接时在砧木基部距地面4～5cm处进行，选光滑无疤的部位切一个“T”形口，横刀宽约为砧木粗度的一半，纵口长约2cm。接穗一般用两刀取芽法，即先在芽子的上方0.5～0.8cm处横切一刀，再从芽的下方一刀深入木质部向上削到横切处，而后取下芽片，不带木质部，芽片长约2cm，宽1cm，叶柄处于芽片中央。取下芽片后，左手拿芽片，右手用刀尖或芽接刀后面的牛角刀将砧木上的“T”形切口撬开，把芽片放入切口，往下插入，使芽片上边与砧木“T”形切口的横切口对齐。然后用宽1.0～1.5cm的塑料条由下而上一圈压一圈地把伤口包严，同时露出芽和叶柄。

带木质芽接法具体操作为：在接芽上方1.5cm左右处，成45°角斜削接穗至粗度的2/5处。再从芽下方1.5cm左右处下刀，沿木质部往下纵切，直至与第一刀切口相接，略带木质，取下接芽。接着在砧木距地面4～5cm处，选择光滑面，按削接芽的方法切削，使切口稍大于接芽面。然后将芽贴向砧木切面，对准形成层，用塑料膜条严密绑扎。注意露出接芽和叶柄。

（3）嫁接后管理

嫁接后一周视土壤干燥情况可以灌一次小水。7～10天检查成活率，未成活的应尽早补接，芽接成活后要及时松绑，以防绑缚物勒入皮层引起流胶。枝接的苗木要及时除去培土，用塑料袋装湿锯末保湿的，接芽长5cm时，应开口放风。秋季芽接的苗木翌年春季萌芽时才能剪砧。剪砧过早，砧桩易向下抽干使接芽枯死。剪砧要在接芽以上1cm处进行。要及时除萌，除萌时切记不可抹去老叶。

接芽萌发后至7月份前，灌水结合施肥，追施硫酸铵或尿素2～3次，每公顷施105～150kg。当接芽长至30～40cm时，可留20～30cm摘心，并要及时设立支柱，喷0.3%～0.5%的磷酸二氢钾叶面肥，其后可以再绑缚2～3次。在苗木生长期间，要及时中耕除草与防治病虫害。管理得当翌年可形成花芽，第3年便可开花结果。

二、起苗与苗木贮存

在充足肥水管理及良好的病虫害防治条件下，樱桃苗当年可达到苗高1.2～1.5m。一般在落叶后至土壤封冻前起苗，起苗前应做好准备，核对嫁接的品种及位置等，最好对苗木进行挂牌标明品种和砧木类型等。对起出的苗要及时处理，根据苗木质量标准进行分级、包扎。将同级苗按每50～100株捆成一捆或视苗木大小酌减，并挂好标签，标明品种和砧木名称。

苗木的贮存会关系到其定植后的成活率，所以对起出的苗木要妥善贮存。首先要选择避风、不积水的地方，根据苗木的多少挖好贮藏坑，在坑的底部铺好一层沙子；在坑的四角用稻草打成把，竖立于坑中，高于地面作为通气孔，把捆好的苗木竖着放入坑中，用沙子把苗的根部埋上，埋到嫁接口处，一层沙子一层苗；苗摆好后一定要浇透水让沙子沉实，再用沙子把裸露的根盖上，直到不露根为准。浇完水后的苗木要晾晒3～5min，让水分散发一些，防止坑内水分过大出现烂苗现象。散发完水分的苗坑可以遮上防寒物了，先在坑的上方搭架，接下来盖上塑料、草帘子或者玉米秆等防寒物，最后在防寒物上方盖上坑土即可。

三、目前樱桃促早熟栽培采用的主要形式

目前樱桃促早熟栽培采用的主要形式有两种。

1. 对露地栽植已结果的樱桃树进行扣棚栽培

由于该形式采用的是露地栽植的已结果的樱桃树，树体比较高大，一般高4m以上，冠径3m以上。密度较小，多采用4m的行距，2～3m的株距，主要采用纺锤形、主干疏层形、开心形等树形。以上特点决定了棚体要比较高大，通常高达到4～8m，以适应树体高度，所以建棚成本比较高。树龄一般在6年以上，已进入盛果期或者即将进入盛果期，所以产量高、受益快，成本回收快。根据条件可以选择单栋和连栋等形式的大棚，棚内空间大，夜间保温效果较好，温湿度变化小，但调控难度大，往往需要人工加温，管理难度增大。根据加温条件有冬暖和春暖两种棚式可供选择。此种形式是目前大樱桃保护地栽培的主要形式。

2. 按照保护地栽培的方式，先建日光温室，然后进行栽植和管理

指温室建成后直接将樱桃苗按照一定的株行距进行栽植。这种方式建棚成本较低，管理容易，但是由于定植的一般是幼树，进入结果期会稍晚。栽植二年生的大苗，只要管理得当，生长势明显增强，成树也比较早，一般建棚5～6年能够丰产。该种模式下，一般栽植密度比较大，多采用3m的行距，1～2m的株距。由于一般栽植的树龄较小，所以可以控制得树形矮小，树冠紧凑，高2.5m以下，冠径1～2m，多采用矮纺锤形、丛状形等。由于要把树体控制在较小的范围内，采用的控长促花措施也比较多，比如拉枝、

摘心、长放、扭梢、还常常辅以药物控制。该种形式的棚体相对较矮，但是由于有墙体以及可以使用较多的覆盖物，所以保温效果好，果实成熟上市早，一般不用加温，在几个关键物候期能适当加温的话效果更好。也可以在露地将樱桃树培育到结果时，再移栽到温室内定植，这也是合理利用土地，提前受益的好办法之一。这种方式对于四年生或五年生的樱桃树，移栽后的成活率是比较高的，移栽时间一般在11月或翌年3月。栽成树是近年来的成功经验。将进入结果期的3～5年生的成树，直接栽进温室，春季3月移栽，到年底即可覆膜上棚，当年栽培当年结果。11月移栽的同样可以达到预期效果，而且不影响成活率。

第三节　设施环境调控技术

樱桃树的生长发育与果实的形成，决定于品种本身的遗传特性与外界环境条件的影响。人们要通过设施栽培获得优质高产的樱桃，调控设施环境更好地适应樱桃的生长发育规律是十分重要的一个方面。人们在设施栽培中，为了创造有利于樱桃生长发育的环境条件，常常对温室内的各项环境因子进行调控，主要表现在对光、温、水、气等的调节方面。

一、光照

樱桃为喜光树种，尤其是大樱桃，中国樱桃相对较耐阴，但光照良好时，果实成熟期早，着色好，品质佳。新梢的生长和发育、花芽形成数量与质量、果实的大小与品质，都与光照时间、强度和光质有直接的关系。光照充足时，枝条充实、花芽多而饱满，果实着色好、风味好。开花授粉也受光照的影响，弱光造成樱桃开花坐果不一致，主要原因是弱光下花粉不能正常发育，造成花粉败育或花粉生活力低，发芽率下降，影响授粉和受精。弱光直接影响花粉管行为，也通过影响气温而产生间接影响。

董波等在沈阳地区日光温室中的研究结果表明，1～5月份当地日光温室内的光照强度逐渐增强，1～3月份一直是沈阳地区低光照时期，日光温室内的平均光照强度仅为露地光照强度的52%～83%，3月下旬以后光照强度迅速增加。4月份光照强度最大。同时由于日光温室聚乙烯薄膜和骨架的影响，温室内的光照强度与露地相比显著降低。因此，增加日光温室内的光照强度是日光温室大樱桃栽培应当十分重视的工作。

提高棚内光照强度，首先要尽量选用无滴膜，以避免因棚膜表面结露珠，影响透光率，上棚膜时应尽量使薄膜绷紧，绷平，以利于保持棚面清洁，减少污染。其次，薄膜上的覆盖物要尽量早揭、晚盖，以延长光照时间，要注意管理作业时保持棚膜清洁，减少灰尘、泥土等附在棚膜上，降低光照强度。第三，要严格整形修剪，保证大棚顶部和两侧光线能通畅射入，要使顶端叶片距棚顶保持30cm以上空间距离。第四，可把墙壁涂成白色或银白色，以增加反射光和提高光照强度，同时地面覆盖银灰色地膜来增加近地面反射光强度。第五，当早春或阴雨天棚内光强过低时，也可增设人工辅助光源或装反光板，以保证树体的光合需要。果实开始着色后树下铺反光膜，使果实着色均匀，色泽更漂亮，没有反光膜的用白色地膜代替也可以。研究表明坐果前后每天用日光灯补光1～2h可以大大提高果实的产量和品质。荧光灯和碘钨灯是目前常用的人工补光设备，白炽灯也有应用。根据温室里的空间特点，通过合理选用树形，如越远离后墙，植株越低。定期摘除老化叶也可以在很大程度上改善通风透光条件。

二、温度

樱桃的一切生命活动都会受到温度的影响。调控设施内温度尽量适合樱桃各个生长发育阶段的需求是取得樱桃高产优质的重要前提。

1. 扣棚升温

果树只有满足了一定的需冷量之后才能通过休眠并正常萌芽开花。大樱桃需冷量较高，多在 700～1400h。高东升等测定了国内栽培的 7 个大樱桃品种花芽正常通过休眠的需冷量为 970～1240h。一般情况下早熟品种的需冷量较低，但不是早熟品种绝对比晚熟品种的需冷量少，如红灯比那翁成熟早，但两者的需冷量相近。

大樱桃休眠期的低温需求量是确定设施大樱桃升温时间的重要依据，当一个棚内几个品种的需冷量不同时，务必要以需冷量最高的品种来确定升温时间。促早熟栽培过程中如果在大樱桃没有充分通过休眠时过早扣棚，未通过休眠的品种会出现萌芽、开花不整齐，花期拉长或开花晚、坐果率低等现象，必然严重影响产量。如果出现这种情况，来年起应适当推迟扣膜的日期来满足所有品种的需冷量；或扣膜后采用白天密封棚膜盖草苫、夜晚揭草苫通风的方法来增加有效的低温量，并用自动测温仪计算低温量，待满足低温需求量之后再升温；也可以来年在该品种上喷施“液体单氰胺”或“果树休眠剂 1 号”来替代部分需冷量，使晚开花品种的花期与其他品种同步。如遇暖冬，气温下降较晚，采取“白天放帘，晚上卷起”的人工降温方法，保证棚内温度达到 7.2℃以下，以满足树体需冷量要求。同时为保险起见，在满足大樱桃温室需冷量基础上再适当晚升温 7～15 天。多年的实践证明，当外界第1次出现0℃或0℃以下的气温时正是大樱桃扣棚的最佳时间。

开始升温后不要升温过快，要使温度逐步升高，以两天上升1℃为宜。否则容易出现先叶后花和雌蕊先出等生长倒序现象，影响正常开花结果。

大樱桃的根系在0℃时开始活动，5℃时能产生新根，7.2℃时营养物质开始向上运输，适宜生长的温度条件为18℃。而升温后，1月份日光温室内的5cm、10cm、15cm、20cm深的平均地温分别为7.3℃、5.8℃、5.9℃、5.7℃，地温条件尚不能满足根系良好生长发育的要求，根系的功能还比较欠缺。升温前期地温较低，影响了根系的正常生长发育，与此同时，日光温室内气温很快升高，大樱桃地上部分生长发育的温度条件较为适宜，开始快速生长，根系无法正常供应地上生长所需的营养物质，从而出现了地上、地下生长发育极不协调的现象，这也是目前日光温室大樱桃生产出现的先叶后花，花期延长或花朵大量脱落，坐果率很低的根本原因。因此，要高度重视日光温室大樱桃栽培过程中扣棚升温前土壤的加温工作，使扣棚后地温与气温同步提升。具体措施有：①起垄栽培，垄高40cm左右。②地膜覆盖。可在11月中旬冬剪浇水松土后覆黑色地膜或银灰色复合膜来预先提升地温。③挖防寒沟保温。在大棚四周挖宽30～40cm、深40～50cm的沟，沟内填满杂草或作物秸秆、马粪等，既可防止土壤传导失热，同时沟中杂物又能酿热增温，促进根系生长。④增施优质有机肥、生物有机肥或沟埋玉米秸等。

2. 各阶段需要调控的适宜温度范围

从覆膜升温到果实采收，不同阶段的温度管理有不同的要求。扣棚后至发芽前，要用地膜进行地面覆盖，使地温和气温同时上升，枝芽活动与根系活动协调一致。

大樱桃的花芽在萌芽前还需进一步分化，才能正常开花结果。在此期间气温过高或过低都将影响大樱桃花芽的分化，这一时期大樱桃正处于芽体膨大期，最适日均气温要求10～15℃。

大樱桃花蕾、花朵和幼果分别能忍耐－3.9℃、－2.8℃和－1.1℃的低温，所以日光温室大樱桃扣棚后在萌芽期、花期，一般情况下不会造成冻害。大樱桃开花期对温度要求更为严格，过高、过低均不利于授粉受精，樱桃花粉管在5～25℃的温度范围内，生长速度随温度升高而加速，但是，较高的温度会更加快速地导致胚珠衰亡，往往花粉管还没到达珠孔时，胚珠已经衰亡，导致受精失败，而且高温会大幅度降低发育不充实的花芽的坐果率。夜间最低温度不应低于5℃，应保持在8～10℃，白天最高温度不高于23℃，应保持在18～20℃。当气温在23℃时，一部分花粉会失去萌发能力，气温达25℃以上时，绝大部分花粉败育。大樱桃的萌芽、开花、展叶、幼果膨大期和新梢迅速生长期，果实膨大期，白天气温保持在21～23℃，夜间10～12℃，有利于幼果生长。果实着色期，白天气温在22～30℃，夜间12～15℃，保持昼夜10℃的温差，有利于果实着色，此期温度过低会延迟成熟期，但温度过高时，果实生长期缩短，影响果实大小。日光温室内大樱桃的硬核期、果实着色期和成熟期，也是枝叶大量生长的时期。在这一时期应延长日光温室的通风降温时间，在12:00～16:00时，不宜使日光温室内的温度超过25℃。

3. 加温措施

温度的调控主要靠开关通风窗、作业门和揭盖草苫等覆盖物。通风主要是将室内污浊空气直接或经净化后排至室外，达到排除温室内余热、排除余湿和调整温室内空气成分的目的。遇雨雪天气时，夜间加盖1层浮膜保温，遇特殊寒冷天气或在关键物候期温度过低时可以采取一定的取暖措施来加温。

连栋温室空间较大，可视情况安装一些采暖系统，比如热水式采暖系统、热风式采暖系统和电热采暖系统等。热水式采暖系统由热水锅炉、供热管道和散热设备三个基本部分组成。该系统的特点是温室内温度稳定、均匀、系统热惰性大、节能；温室采暖系统发生紧急故障，临时停止供暖2h不会对作物造成大的影响；运行稳定可靠，是目前最常用的采暖方式。热风式采暖系统由热源、空气换热器、风机和送风管道组成。其优点是温度分布比较均匀，热惰性小，易于实现温度调节，设备投资少。电热采暖系统的主要设备是电加热器，其优点是一次性投资较低。

冬暖式日光温室或塑料大棚受空间的限制，可以使用在棚内安装土暖气或生火炉等办法加温，关键时期短期加温时甚至可以使用家用电暖气。此外，山东省临朐县林业局的王玉宝等发明的“火龙洞”加温技术也是一种可供选择的经济有效的方法。火龙洞的建造：在大棚一端内侧，沿果树行向，挖深、宽各0.8m，长1.5m的长方形坑，建造炉膛。炉膛要求用砖、砥等耐火材料，炉膛长1m、宽0.8m、高0.5m，炉底下是灰道，用以进空气和取炉灰。炉膛要用砖瓦垒砌，用掺麦糠的土泥或水泥把四周抹好，近炉膛处10～15m要挖到地下，深度与炉膛相同，用砖瓦砌成膛洞(防瓷管烧裂)。膛洞向外是2条粗瓷管连接成的管道，左右各1条，瓷管长0.9m、内径0.2m、壁厚1.5～1.8cm。2条管道视棚内空间，需要加温的要求，在树行间穿过，然后逐渐在2条瓷管的末端聚在一起，共同用1个竖直的烟筒通到棚外，在火龙洞的末端与竖直烟筒交接处安装1个200W抽风机抽风（图5-13）。

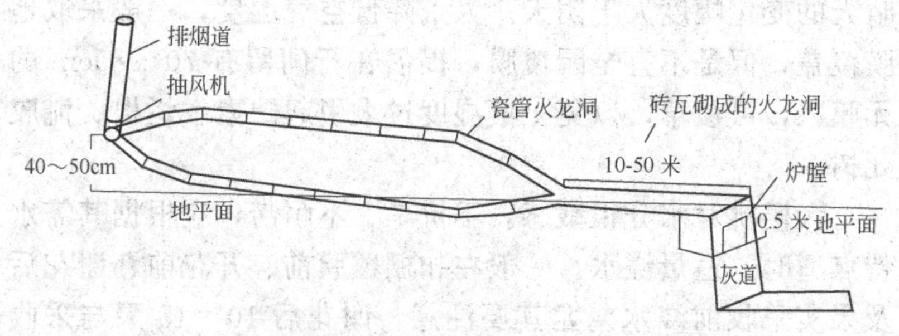

图5-13　新型甜樱桃塑料大棚“火龙洞”加温设施示意
（王玉宝等，2011）

4. 降温措施

为了避免温室内温度过高对樱桃生长造成伤害，在发芽前可通过遮盖草帘或使用各种遮阳网进行降温。当树体已发芽后，就不能采取盖帘降温，这样会减少透光量，影响叶片的光合作用。这个时期主要采取开通风口（扒缝）通风，在无风晴好天气的上午，当温度达到最适气温后，就要开始逐步放风，渐增通风量。切不可等待温度已升高到极限时，全部打开通风口，这样会造成骤然降温，使棚内不同部位温度产生极大变化，特别在通风口附近，温度下降迅速，会使花、叶或果实受到冻害。当通风不能满足降温需求时可在行间开沟灌水或在地面喷水。

三、湿度

由于塑料薄膜的作用，日光温室内的空气相对湿度远远高于露地。多数情况下是空气湿度过大，需要设法降低。温室内的空气相对湿度变化主要受温度和通风换气影响，温度越低空气相对湿度越大；通风口开得越大，时间越长空气相对湿度下降得越快。无论是晴天还是阴天，一天中空气相对湿度最高值出现在 8：00 时，最低值出现在 14:00 时左右，晴天的变化幅度大于阴天。为了降低空气湿度，一般采取地膜覆盖，但是不宜全园覆膜，提倡在行间留有 70～80cm 的无膜区，可覆草，以免土壤湿度过大引起缺素、烂根、流胶死树。

大樱桃对水分很敏感，不抗旱、不耐涝，应根据其需水特点适时、适量浇水。一般在扣棚覆膜前、开花前、谢花后及果实采收前浇水。尤其要注意，谢花后 10～15 天与采收前 10～15 天的水分供应。前者 10～30cm 深的土壤湿度控制在最大田间持水量的 60%～70%，并保持相对稳定。后者要在前几次连续浇水的基础上，少量多次、一流而过。同时，也要警惕长期干旱突然大水漫灌引起裂果的发生。

采取地膜覆盖、开启通风设施等控制好空气相对湿度。空气相对湿度控制的重点时期是花期，花期一般控制在 50%～60%左右，升温后至萌芽前 70%～80%，果实发育期控制在 60%以下。空气相对湿度过大（60%以上），花粉粒因吸水过多而膨胀破裂，造成授粉受精不良，夜间水滴凝结散落后也会直接影响花粉的授粉受精。花期空气湿度过大，也易造成花粉黏滞，活力低，扩散困难，从而妨碍花粉萌发和花粉管生长，这也是影响日光温室内授粉受精进程的原因之一。

四、二氧化碳

温室是一个近似密闭的空间，外界 CO_2 不能及时补充进来，冬季生产时为了降低空气湿度，普遍进行地膜覆盖，也影响土壤释放 CO_2，所以温室中 CO_2 浓度经常是远远低于正常大气中的 CO_2 浓度。温室内的 CO_2 往往是严重不足的，在这种条件下，无论光照有多么充足，水分多么合适，肥料多么丰富，其光合速率依然是最低的。而此时每增加1倍CO_2浓度，其光合速率就相应提高2～3倍。因此，人工施用CO_2成为有效的增产措施。人工施用CO_2的方法很多，比如二氧化碳发生器法，CO_2气肥机法，生物反应法，液化气、丙烷气等的燃烧法等。

1. 二氧化碳发生器法

即通过化学反应产生二氧化碳气体来提高空气中二氧化碳气体浓度，达到施肥增产目的。二氧化碳发生器由贮酸罐、反应筒、二氧化碳净化吸收筒、导气管等部分组成，化学反应物质为强酸（稀硫酸、盐酸）与碳酸盐（碳酸钙、碳酸铵、碳酸氢铵等）作用产生二氧化碳气体。现在设施栽培中一般使用稀硫酸与碳酸氢铵反应，最终产物二氧化碳气体直接用于设施栽培，同时产生硫酸铵又可作为化肥使用。优点是二氧化碳发生迅速、产气量大、简便易行、价格适中、效果好。二氧化碳发生器简易装置的具体做法是：在缸内注入7倍于浓硫酸的清水，然后将浓硫酸缓慢地注入水中（注意不要将水注入到硫酸中，以免发生危险），并且边倒边搅，一次可稀释二三天的用量。每个温室中可设10个点，用大碗或塑料盆或桶吊在距地面1～1.5m的空中，加入适量的稀硫酸，每天揭开草苫半小时后，每个容器中放入NH_4HCO_3 150g左右。现在还有二氧化碳发生器出售，这种发生器使用方法简便，易于操作和控制。

2. 直接施用CO_2法

即直接施用液体二氧化碳或二氧化碳颗粒气肥等。注意CO_2气体只适于白天补充，晚间不宜进行。

3. 智能二氧化碳气肥机

目前市场上也有多种二氧化碳气肥机出售。一般情况下，智能二氧化碳气肥机配备有精密的二氧化碳传感器，可通过红外气体探测技术精确测量出温室或大棚里面二氧化碳的浓度，然后与植物生长所需要的最优的二氧化碳浓度进行比较，发现不足的话，自动控制高压气瓶向大棚里释放二氧化碳，使大棚内二氧化碳始终保持在用户设定的最适宜植物生长的浓度上。

4. 生物反应法

一般在 11 月份在树行下，从树干两边分别起土至树冠外缘下方。靠近树干起土，深度 10cm，越往外越深，到树冠外缘下方深度为 20cm。将所起土分放在四周，形成埂畦式造型。然后在畦内铺放秸秆，厚度 30～40cm，秸秆在畦四周应露出来 10cm 的茬头，填完秸秆后，再将处理好的菌种，按每棵用量均匀撒在秸秆上面。撒完菌种用锨拍振一遍，进行回填覆土，厚度 8～10cm。待大棚扣膜升温前 10 天左右，浇一次大水湿透秸秆，晾晒 3 天后，盖地膜，打孔，在膜上用 12＃钢筋按行距 40cm，孔距 20cm 打孔，孔深以穿透秸秆为准。大棚果树内置反应堆一般每亩需秸秆 3000～5000kg，菌种 8～10kg，疫苗 4～5kg。

第四节　树体管理

良好的树体管理是设施条件下樱桃形成高产优质的重要基础，主要包括整形修剪、土肥水管理、病虫害防治等方面。

一、整形修剪

温室中高温高湿的环境使得果树长势旺，容易产生郁蔽，而且整个设施内空间高度不同，对树形等也有特殊要求，如温室前面的树定干要矮些，树体也要低。这些特点对整形修剪提出了更高的要求。

1. 温室中栽培樱桃常使用的树形

(1) 中国樱桃　温室栽培中中国樱桃多采用‘Y’字形或自然丛状形。‘Y’字形整形密植，可按1×3m，每亩栽220株，若采用自然丛状形或自然开心形整形，可按（2～3)m×(3～4)m栽植。

①‘Y’字形。栽植时间一般分为秋季和春季两个时期。在冬季寒冷、干旱、多风的地区宜春栽，春栽应在苗木发芽前。在冬季温暖的地方可秋栽。栽植前应进行土壤深翻熟化，挖大栽植穴。每穴施入有机肥25～50kg。将肥料与土壤拌匀后，再栽苗，并立即浇定根水。

用芽苗定植，定植后灌透水，以利成活。春季剪砧，促使嫁接芽萌发。剪砧时将剪掉的砧木插在芽苗旁作为支柱，待幼芽长到40cm米时进行绑缚，以防幼苗被风吹断。在幼苗长到50cm时摘心定干。将30cm以下的副梢疏除，留20cm（30～50cm处）作为整形带，在整形带选留生长势强、向行间延伸的2个副梢作为主枝培养。在8月下旬至9月上旬进行拉枝，调整主枝角度和方向，使两主枝与地面呈45°角，主枝之间夹角为90°，形成Y字形的树体。其余副梢粗度在1cm以上的从基部疏除，1cm以下的留作辅养枝。冬剪时，对主枝剪留50cm，剪口芽留外芽或外侧芽。辅养枝进行短截或长放。

② 自然丛状开心形。是中国樱桃常用树形，一般主枝5～6个，向四周开张延伸生长，每个主枝上有3～4个侧枝。结果枝着生在主、侧枝上。主枝衰老后，利用萌蘖更新。此树形的角度较开张，成形快，结果早。在距地面10～20cm处或贴地面选3～5个向四周分布的主枝，其余枝

条全部疏除。树高2.5m左右，视栽植密度配置侧枝，株行距2×3m的，每主枝配侧枝2个，第一侧枝距地面80cm，第二侧枝距第一侧枝30～40cm，主枝和侧枝上再配置中、小型结果枝组。这种树形造形容易，树冠扩大快，结果和丰产早，单株产量高，适于密植；缺点是通风透光稍差，内膛易光秃，结果部位易外移，地面耕作不方便。

（2）大樱桃　由于日光温室内部高度不统一，紧挨后墙的地方高，越往前越低，后部高度最高处4.2m，前部高度只有1.2～1.5m，所以，大树移栽时因棚的走势选择树形，高的地方选用有主干的细长纺锤形，低的地方选用开心形，按（1.5～2.0)m×(2.0～2.5)m株行距栽植，每667m^2栽133～222株。一般经过2年的树形培养即可形成目标树形的雏形，并形成一定量的花芽。在第二年底至第三年初即可覆膜保温。

① 改良纺锤形。定植当年在距地面60cm处定干，留20cm整形带，40cm主干。在整形带内选基部3～4个主枝，在40cm主干内及时抹芽。生长较强壮、布局合理者留作主枝培养，其他枝条长到10～15cm左右及早摘心。主枝长到40～50cm时进行拉枝，使主枝角度近于水平。对中央干延长头不进行处理，以保持其优势生长。对其他枝条进行摘心、吊枝、压枝等控制生长。

第二年萌芽前进行休眠期修剪，只对中央干延长枝留50～60cm短截，其他枝条一般甩放。第二年生长季，再选留第二层主枝，当其长到40～50cm时拉成近乎水平，在主枝上萌生的枝条及早摘心或多次摘心，控制生长，直接培养成结果枝。

② 开心形。大樱桃定植当年，在距地面40cm处定干，其中干高20cm，整形带20cm。萌芽后，在整形带内选长势

较强壮、不同朝向的3个新梢培养主枝，整形带以下及时抹芽。当主枝长到50～60cm时，对主枝进行拉枝，使主枝基角成45°左右，促其缓长势，发育充实健壮。对竞争枝、交叉枝、过密枝及早疏除，位置较好的枝条当长到20～40cm时要进行摘心，控制过旺生长，培养成结果枝组和辅养枝。定植当年的冬季至第二年春季进行休眠期整形修剪。一般只对主枝延长头留饱满外芽，在40cm左右处短截，去掉中央干延长头，其他枝条均甩放，只要有空间应尽量多保留枝条。定植后第二年夏剪，当主枝延长枝50～60cm长时摘心控制徒长，其他枝条长到10～15cm时实施1次或多次摘心，使其形成发育充实、粗壮的短果枝和花束状结果枝。

大樱桃修剪时会对树体造成一些伤口。伤口如果愈合不好，必然对生长结果不利。所以疏去大枝时，应注意伤口要小而平滑，切忌留“朝天疤”。一旦有大伤口，应及时涂抹伤口保护剂，以促进伤口愈合和防止流胶发生。

2. 控冠方法

设施樱桃修剪一定要以生长季修剪为主，休眠期修剪为辅。在生长季完成整形修剪的大部分任务，这是保护地栽培成功的关键。为了使大樱桃在保护地中延长丰产期，必须严格控制树冠，在保护地栽培条件下仅靠人工整形修剪来控制树冠是很困难的，一定要与化学调控相结合，如施用多效唑等。当树形基本形成后，休眠期修剪一般进行缓放而不要短截。但直立枝即使不短截，顶端也能发出几个旺枝，必须将其拉平，缓和其生长势，使下部短枝有充分的光照和营养条件，形成各类结果枝。对3～4年生的树，可在春季芽萌发前土施一定量的多效唑，一般每株施1～2.5g。过旺的树施2.5g，较弱的施1g，一般的树施2g，一定要严格掌握用量。另外，也可在生长期（5月中旬以后）喷施浓度1000mg/L

的多效唑抑制新梢生长。营养生长与生殖生长是互相制约的，结果多可抑制生长。大樱桃果实生长期较短，当果实采收后有很长时期可恢复树体营养，所以一般不会有大小年。因此，在不影响果实质量的前提下，增加果树的负载量，可有效控制树冠。

3. 促花措施

大樱桃的花芽生理分化期正是其幼果膨大、新梢旺长时期，形态分化在采收后1～2个月内基本完成，性细胞的分化和发育在开花前的早春完成。可采取环剥、拉枝、摘心等措施来促进花芽分化。

传统观念认为，作为核果类果树的大樱桃一般不宜采用刻芽、环剥、环割等能造成明显伤口的促花措施，否则会引起流胶，严重者死枝、死树。但大樱桃生产上也有许多成功应用环剥等造伤措施的例子。山东省肥城市安驾庄镇前寨子村是一个著名的大樱桃村，拥有上千亩的樱桃园，当地果农在学习其他地方樱桃种植技术的基础上，经过几十年的探索实践，形成了短截、刻芽、摘心等修剪方法，并创造出了大樱桃环剥、环割新技术，可有效控制树体疯长，保证养分优先供应果实，不但使樱桃果大、色艳，口感好，还能比普通樱桃提前一周上市，赢得市场先机。

大樱桃环剥一般是着花期至晚花后10天或者采果后至7月底前在树干或主枝基部进行，花期环剥同时具有提高坐果率的作用。环剥宽度一般为环剥处枝条直径的1/10，可比苹果的标准略大，因其剥口愈合速度快于苹果。剥时应在枝上选平滑部位进行。剥口要求平滑，宽窄可不一致，这样窄的部位能先愈合，避免出现树叶退绿，树势衰弱等现象。注意剥后不可触摸裸露的木质部表面，剥后即用塑料薄膜包扎，以防日晒、雨淋。切忌在剥口处涂抹杀菌剂等药物，否则会杀死剥口处愈伤组织，影响愈合，甚至使剥口周围树皮腐烂。当剥口基本愈合时，要及时去除塑料薄膜。

山西省果树研究所聂国伟等对大樱桃幼树的大枝进行全环剥、半环剥以及环割 1、2、3 道的试验结果也表明，环剥、环割并造成大樱桃枝条流胶、死枝现象，并且环剥与环割处理都可促进幼树成花，其中以全环剥与环割 3 道的效果最好，成花枝率分别为 90％和 80％，而对照只有 5％。但在试验中也看到虽然环剥与多道环割可以有效地促进整个树体从营养生长向生殖生长转化，然而形成的花量还不能满足早期丰产的需要，还需要结合其他的修剪措施。

总之，大樱桃环剥的时效性很强，建议首次采用环剥、环割措施时应先在小范围内进行试验，比如先在几株上试验、先在大枝而不是树干上试验，获得成功后再推广。同时，在生产中应加强肥水管理，增强树势，以便快速恢复伤口。

春季在树体发芽之前刻芽能提高侧芽的萌发数量，增加萌芽率，提高成花率。春季树体发芽前后对 1 年生枝进行拉枝开角可以削弱果树生长的顶端优势，增加内膛的营养自留，使过旺的营养生长向有益的生殖生长转化，可促进樱桃成花，提高坐果率，增加产量。摘心能够控制枝条旺长，增加分枝数量，促使枝类转化，节约养分，促进花芽形成。不同长度的新梢摘心均可在一定程度上促进成花，以 15cm 以下摘心为好，但新梢 5cm 摘心，容易在次年造成有花芽而无叶芽，开花后易形成死橛，因此综合考虑，应在 10～15cm 时摘心为宜，留 5～10cm 摘心，二次梢生长旺时连续摘心。

对整株生长势强的树，只用摘心、环剥等措施难以控制，应在采果后（6 月上旬）树上喷 15％的 PP_{333} 200 倍液，

10天后喷第2次，浓度为300倍液。试验表明，对6年生红灯两次喷PP_{333}，可使其新梢缩短52.2%，较1次喷施效果更好。

对于花芽少的结果枝或无花芽枝条、需要更新品种的树的结果枝以及树体老化、树势较弱、花芽分化不好的树还有需要调整树体结构的树，树龄小、尚未进入结果年龄的树都可以采用大樱桃“带花芽高接换头”嫁接技术，可有效增加花芽量，提高产量，达到当年嫁接、当年结果的目的。

可直接从露地栽培的大樱桃树上采集接穗，选择同品种或相近品种（一般要求树势、成熟期等相近）的、花芽较多的结果枝，一般长度控制在20～50cm。接穗采集后放在温室内沙藏7～10天，以使接穗适应温室内的温湿度，并有充足水分，有利于嫁接后愈合组织的迅速形成。从大樱桃树液开始流动至萌芽前都可嫁接，此时嫁接伤口愈合快，不易流胶。生产上一般是温室升温1周后至萌芽前。嫁接前，从发芽前20天开始用0.8%尿素喷干枝，隔10天再喷1次，嫁接前5～7天浇1次水。嫁接方法多采用劈接。在砧木需要嫁接的部位，选择光滑处将砧木剪断，断面要光滑平整，然后在砧木中间竖劈开口，再将接穗下部的两侧，各削成1个长2～4cm的削面，然后将接穗插入砧木劈口，使接穗的削面上缘露白0.3cm左右，插好后用塑料条绑扎好，注意一定要使接穗与砧木的形成层相靠对齐。如砧木与接穗粗度相差悬殊，可采用带木质部插皮接的方法嫁接。嫁接后1周不要浇水，以免造成伤流。嫁接后白天温度控制在10～15℃、湿度60%～70%。为防止结果后枝条负重折断及枝条被风吹断等情况的发生，枝条萌芽后不必去除绑缚塑料带，第2年春季去除即可，必要时当年可在塑料条上打孔，以利于愈合组织的通风透气。

二、土肥水管理

大樱桃是浅根性果树，大部分根系分布在土壤表层，抗旱、耐涝及抗风能力差，所以在栽树前要选择肥沃的土壤而且要深翻。在建园时及建园后3～5年内，及时对全园进行深翻改土，增施有机肥，用石灰调节土壤的酸碱度，改善土壤理化性质，提高土壤肥力，诱导根系深入土壤，缓解水分急剧变化。深翻改土可用扩穴深翻或隔行、隔株深翻。深翻时间一般在秋季9～10月果树根系第3次生长高峰来临前，结合秋施基肥进行。每年由定植穴向四周扩坑改土，挖长100～120cm、宽80cm、深60cm的坑，下层放30～50kg绿肥，撒上适量速效肥和钙肥，中层用表土与粪肥25～50kg加磷肥1～2kg拌匀施入，上层用新土起高出地面20cm与扩坑同大小的土墩。

大樱桃的施肥应以树龄、树势、土壤肥力和品种的需肥性为依据，掌握时期和方法：基肥，9月上旬至10月上旬，每667m^2沟施腐熟有机肥2500kg（或每株施优质农家肥50～80kg，另加氮磷钾复合肥0.5kg左右），以增加树体营养贮存，为翌年丰产稳产打下基础。追肥：揭帘开始升温后，将大樱桃根周围松土，做树盘，每株施生物菌肥1.5kg、硫酸铵1kg，然后浇水。花期追肥，每株施复混肥、硅肥、硫酸铵各1kg，在盛花期喷0.3%尿素加0.2%硼砂；花后追肥，在花落后10～15天开始至采收后一个月左右，每隔7～10天喷施一次叶面肥，肥料以磷酸二氢钾和尿素为主，可添加硫酸亚铁，浓度0.3%左右；采果后追肥，施用腐熟有机肥的同时追施一些速效性肥料，如每株施磷酸二铵1kg，肥量不宜过大，以尽快恢复树势，为花芽的形成做好准备。注意盐碱地追肥不宜施用尿素，应施用硫酸铵。

大樱桃对水分很敏感，不抗旱、不耐涝，应根据其需水特点适时、适量浇水。在建棚时，充分考虑灌溉条件，搞好果园水利设施，保证及时均衡供水。一般升温前、开花前、果实硬核后、果实着色前及采果后各灌水1次，同时要注意雨季及时排水防涝，否则，不仅造成大量裂果，还会严重损害根系。注意花期不要浇水，以免造成落花。升温前、花前及采果后，宜漫灌，灌透即可；硬核后、果实着色前，宜沟灌、坑灌或滴灌，灌水量应根据结果量和树冠大小而定，每株20～50kg，不超过50kg。覆地膜的，应适当减少灌水量。遵循不旱不涝的原则，依据天气和土壤墒情合理灌水。温室覆盖期间，浇水要在晴天上午地温与水温接近时进行，以免降低地温。灌溉前，先在设施内贮备好灌溉用水，使水温与地温一致，尽量不使用与土壤温差较大的冷水灌溉，避免降低土壤温度，影响根系活动能力，然后用短齿耙将土壤翻松。灌水时，将地膜从中间揭开，翻放到树盘外侧，然后灌小水，水渗下后，再盖上地膜。灌溉当天就要将地膜盖好，防止棚室内湿度过大，诱使病菌发生，危害花器。

有滴灌设施的提倡膜下灌，坚决杜绝阴雨（雪）天浇水或不分情况的大水漫灌。同时为了提高温室供水效率，减少温室空气湿度，温室中常采用局部灌溉的方法进行灌溉，只湿润植物周围的土壤，远离植物根部的行间或棵间的土壤仍保持干燥。每次灌水和降雨之后，地表稍干时松土，深度要求5～8cm。

三、花果管理

由于花果管理是关系到设施果树产量和品质形成的重要阶段，在此过程中主要存在坐果率低和成熟期裂果两个问题，在此专门介绍。

1. 设施大樱桃坐果率低的原因与对策

（1）设施大樱桃坐果率低的原因

① 棚内温度不适宜

首先是萌芽期温度过高，芽萌动期恰好是花药中分生细胞开始延长并形成花粉的关键时期，此时温度的高低直接决定了花粉形成的数量与质量。晴天的中午，若不及时通风，棚内温度很快就上升到25℃以上，甚至高达35℃，大大超过了萌芽期适温（10～18℃）和所能忍耐的高温限值，造成雄蕊败育，形成没有花粉或低质量花粉的花药。同时，萌芽期过高的温度又能促使升温过快，造成花期提前，雌蕊、雄蕊及花瓣出现畸形。因此，这样的花蕾即使开花也是无效花。这是造成前期大量落花的一个重要原因。

其次是花期最高温过高、最低温过低，适宜花粉萌发、生长的温度时间不足。温度影响花粉行为，包括花粉的黏附、萌发和花粉管的伸长。在柱头上，花粉的黏附力随着温度的升高而增强。高温加速了柱头的成熟和老化，进而使花粉黏附力增强或减弱。温度同样影响花粉的萌发，无论在活体还是离体，30℃条件下花粉萌发减缓，随着温度的升高花粉萌发率降低，但花粉管的伸长速率加快。高温降低了到达花柱基部的花粉管的数量，但影响的大小与品种的基因型有关。在5℃时大樱桃花粉的萌发率最低，花粉管生长最慢，在15℃或20℃时，萌发率最高，但在5℃不同品种萌发率存在差异。所有大樱桃品种的花粉在柱头上萌发的最适温度为15～25℃，在这一温度下授粉后24～48h花粉管即可到达珠孔，但在5℃和30℃时，授粉72h后花粉管仍在柱头中。许方等认为大樱桃在露地条件下授粉后72h多数花粉管到达胚囊进行受精。花前、花后温度过高，棚内白天超过25℃，会使花器官受伤，柱头萎缩干枯，有效授粉时间缩短，花粉生命力降低，幼果发育慢，新梢徒长，加重生理落果。赵德英等在辽宁大连旅顺口区辽沈Ⅰ型日光温室中所做的研究表明，授粉受精期间，日光温室内的平均最高气温明显高于露地，而平均最低气温和日平均气温明显低于露地，日光温室授粉后每天能满足15～25℃花粉萌发和生长的温度不足4h，而露地这一温度超过10h，从而导致日光温室内花粉萌发和花粉管伸长速率大大下降，延缓了授粉受精的进程，导致授粉受精出现障碍而大量落花落果。

再次花后温度不适，暖冬与倒春寒加剧了棚内温度的变化幅度，直接影响了果实的生长发育。尤其在果实发育第二时期（硬核及胚发育期）较大幅度地增温或降温，均会影响胚的发育而造成大量落果。

总之，花前花后气温不适宜，棚内白天超过25℃，会使花器官受伤，柱头萎缩干枯，有效授粉时间缩短，花粉生命力降低，幼果发育慢，新梢徒长，加重生理落果。气温偏高，气温与地温不协调，气温提升得过早、过快、过高，而地温提升很慢，致使根系生长缓慢、树体发芽晚、花期不整齐、落花落果严重。

② 营养不良

不少种植者不了解大樱桃的花芽生理分化期正是其幼果膨大、新梢旺长时期，养分竞争激烈。此时若营养供应不足或施肥不当，如过少过晚，处于高湿少气的环境中，更加减弱了根系的吸收能力，造成养分供应不足，严重制约了胚的发育，引起落果。

③ 授粉树搭配不合理或者没有辅助授粉措施

大樱桃大多数品种不能自花授粉结果，栽培时品种单一，缺少授粉树或授粉树配置不当，如用花期不相近或是用具有同一个“S”基因型的品种作授粉树，授粉不亲和等，都会影响授粉受精质量，造成只开花，不坐果。樱桃属于虫媒花，在设施内没有传粉媒介，授粉树配置恰当的情况下，没有辅助授粉措施同样会导致授粉不良而造成落花落果。

④ 花后棚内湿度过大

由于温室内本身容易保湿，过多、过量浇水造成花期湿度过大，也易造成花粉吸水失活或黏滞，发芽率低，扩散困难，影响了其授粉受精效果，影响坐果。高湿高温同时又促进了新梢旺长，加剧了养分竞争而造成果实黄萎脱落。

⑤ 采收后人为造成持续高温

不少果农为防止汛期雨量大、涝死树，在果实采收后只揭去大棚四周的薄膜，而顶部的棚膜一直保留到8月中下旬，甚至直到整个雨季结束。久留的薄膜虽避去了当时的雨水，但人为造成的棚内尤其树冠中上部的高温，从谢花后的3月中、下旬花芽开始分化起，一直保持到8月中下旬，历时150多天，花芽分化时间过长，致使其花芽发育过度，降低了花芽质量，加重了翌年落花落果现象的发生。

⑥ 树体管理不科学

违背大樱桃的生长结果习性，不考虑品种间的差异而不合理的修剪，造成了树势不稳健、角度不开张、光照恶化、花芽形成少、质量差、落花落果严重。有些对病虫害发生时期、规律、最佳的防治时期把握不住，以及对农药防治的范围、对象不清楚，造成流胶病、穿孔病、早期落叶病严重，树体营养积累减少，加重了落花落果。

（2）提高设施樱桃坐果率的措施

① 科学调控保持棚内适宜温湿度

首先要调节好气温。测棚内气温时应将温度表挂在树冠中上部，根据其指示数值，适时适量地开关棚顶部的通风口，必要的时候要另外采取加温或降温措施来调节温度。同时要注意地温与气温协调升高。具体每个阶段的控温范围参见本章第三节设施环境调控技术的温度部分。

防止花期尤其是花蕾期高温，也是保障坐果的重要工作。

具体方法：a. 及时通风降温。管理人员要密切注意棚室内温度变化，当气温达到20℃，要立即打开或开大通风口降温，保持气温在15～18℃。如果通风不能达到降温目的，可在行间开沟灌水，或地面喷水，利用水分蒸发吸收热量，实现降温。喷水可在上午9时到下午2时，每隔2小时喷1次，一方面可起到降温作用，另一方面还可提高空气湿度，防止柱头干燥而影响授粉受精。b. 加盖遮阳网。在不能利用通风措施的情况下，可在午间高温时段搭盖遮阳网，降低棚室内温度。

② 适时补肥，平衡营养供应

秋季施足有机肥，一般667m²（亩）施土杂肥4000～5000kg或施生物有机肥900～1000kg，并加入适量的中微量元素。花前7～10天追1次三元复合肥。盛花期喷施0.2%～0.3%硼砂+0.2%磷酸二氢钾溶液，若花量大或树势弱，应再加喷0.2%尿素。谢花后10天左右开始结合喷药，每10～15天喷1次叶面肥，直到采收后1个月左右。根据树势及不同物候期，可选用营养型（尿素）或复合型（欧甘、叶康等）叶面肥。同时要做好采收后的追肥，以补充营养，恢复树势，为来年丰产奠定基础。

③ 合理搭配授粉树并进行辅助授粉

授粉树应选2个以上与主栽品种花期相近、不含有相同的“S”基因的品质好、产量高的品种，比例要达到30%左右，距主栽品种不能超过5m。实践证明，雷尼、红艳、佐藤锦、宾库、拉宾斯都可作为大多数主栽品种的授粉品种。同时，要及时做好花期放蜂、喷硼（0.2～0.3%硼砂）或人工辅助授粉等工作，花后5～10天喷10mg/LGA，以确保坐果率的提高。辅助授粉的具体做法如下：a. 花期人工授粉3～5次。初花期，采集各品种未开放的铃铛花，剥下花药，置于21℃环境中阴干，然后装入小玻璃瓶中。用铁钉插入瓶子的橡皮塞中，前端套上气门芯，并卷起3～5mm（或使用医用棉签）蘸取花粉，于上午9～10时或下午3～4时，对开放的杯状花进行人工点授。操作时动作要轻，防止伤到柱头，并避免重复进行。还有一种较省工的方法：自盛花初期开始，用鸡毛掸子在授粉品种的花朵上轻轻滚动，再到主栽品种的花上滚动授粉。b. 放蜂授粉。开花前3～5天，选择活力较强的蜂群，放到棚室内，使其适应温室的气候环境，一般每棚放1箱蜜蜂或者100头壁蜂（连栋温室每2000～3000m^{2}放置一箱蜜蜂）。如果温度达到15℃以上，蜜蜂仍不从蜂箱中飞出访花，或者出箱后都落在蜂箱周围呈假死状，则要立即更换，以免影响授粉，并及时进行人工辅助授粉。

④ 采收后及时去膜

采收后去棚膜应先通风锻炼不少于15天。先去掉大棚四周的薄膜，隔5～7天后再分2～3次分期分批揭去棚顶膜。每次间隔5天左右，使树体逐渐适应由棚内到棚外的环境变化。千万不能一次去掉所有棚膜，以防因环境骤变引起叶灼，甚至干枯落叶。

⑤ 科学管理树体

大樱桃树剪口易流胶，顶端优势明显，枝条木质松软，修剪时间性强。因此，必须因地因树（枝）制宜，抓住适当时机，综合运用短截、甩放、拉枝、摘心、刻芽、扭梢等多种方法，及早建成低干矮冠、骨干枝级次少、结果枝组多而且分布合理、主枝角度大、树冠开张、风光通达的丰产树形。要抓住大樱桃谢花后10～15天与采收后10天左右的新梢旺长期，调整枝量，培育树形。使用生长调节剂一定要按照正规技术部门的指导，购买信得过产品，谨慎使用。

对救治无望的病毒树，无论树龄多长、树势多壮必须及早彻底清除，并认真清理穴中根系。不能改接换头，更不能采集其花粉进行授粉。否则，蔓延迅速，祸及全园，后患无穷。

2. 大樱桃成熟期裂果的主要原因及预防裂果的措施

大棚大樱桃成熟期裂果，而且个别年份裂果比较重，有的棚裂果率甚至达到50%，严重影响了果品质量及经济效益。大棚大樱桃裂果已成为影响樱桃发展的问题之一。

(1) 大樱桃成熟期裂果的主要原因

大樱桃裂果主要发生在果实第二次迅速生长期至成熟期。此期若土壤湿度不稳定，如突然浇大水、久旱遇雨、大雾等，果肉细胞就会迅速吸水膨大，各种生理活动加快，但果皮细胞生理活动相对缓慢，当果实膨压超过果皮及果肉细胞壁所能承受的压力时，便产生裂果。不同樱桃品种间的抗裂果性差异较大；同一品种在不同的果实发育阶段，其抗裂果能力也有不同，如‘红灯’易在果实转白至着色时裂果，完全着色后裂果反而变轻。

① 品种特性。坐果率高的品种裂果轻，因结实率高，树体供给每个果实的水分、营养相对较少，果实膨胀压较小，故裂果较轻，如‘拉宾斯’、‘先锋’、‘佐藤锦’；坐果率低的品种裂果重，如‘雷尼’等。‘红灯’、‘宾库’、‘大紫’等均裂果。

② 成熟前降雨或湿度变化大、供水不均衡。果实近成熟期遇雨，土壤湿度和空气湿度急剧加大，使果实迅速膨大而胀破果皮，造成裂果。一般土壤或空气的相对湿度达到80%或更高，会造成大量裂果。

③ 土壤因素。土壤疏松、排水条件好的沙壤土裂果轻；排水条件差的黏重土壤裂果重。黏土地土壤通透性差，遇雨后或者浇水后，水分不易流失，从而使土壤含水量增大，根系吸收的水分多，果实因迅速吸水膨大而裂果；排水好的沙壤土浇水后水分迅速渗透，并且土壤不易板结，土壤含水量适宜，根系吸水均匀，因而不易裂果。

④ 其他原因。果实中钙含量低也能造成裂果。据测定，钙含量高的大樱桃裂果轻。除了土壤钙含量的绝对不足之外，过量施用钾肥也会影响钙的吸收，造成果实缺钙而加重裂果。树势对裂果也有影响，一般壮树重、弱树轻。同一棵树上，树冠外围裂果重，内部裂果轻。

(2) 预防和减轻大樱桃裂果的主要措施

① 选栽抗裂果的大樱桃品种，维持适宜的树势。裂果极轻的大樱桃品种有‘美早’、‘拉宾斯’、‘早生凡’、‘意大利早红’、‘先锋’等；裂果较轻的品种有‘红艳’、‘红蜜’、‘甜心’、‘莱州早红’、‘萨米脱’、‘黑珍珠’、‘斯帕克里’等。一般果肉硬的品种裂果重，如‘布鲁克斯’‘红灯’；‘红灯’果大并且成熟早，虽然裂果较重，如采取适当措施可以减轻裂果，仍然是大棚大樱桃的首选品种。

② 选择沙壤土地建园。大樱桃的根系多分布在20～40cm的土层内，适宜在土质疏松、透气性良好、土质肥沃的沙壤土地建园。建园采取起垄栽培的方式可以增加土壤通透性，防止下雨或浇水造成土壤水分过多，从而达到减轻裂果的目的。

③ 硬核期以后土壤水分宜稳定。尤其是在樱桃第二次迅速膨大期和成熟期，应保持水分均衡供应，保持土壤适度湿润，要小水勤浇，棚内可以设置滴灌或采用小沟灌溉的方式，防止过干、过湿而造成裂果。土壤使用保水剂，在浇水时充分吸收水分，以后水分可以缓慢释放，平衡土壤湿度，能有效的减少裂果。棚内湿度变化大是造成裂果的重要原因，因此在果实近成熟期要平衡棚内湿度。着色期，空气相对湿度低一些，保持50%左右。湿度大的棚，在棚内放置生石灰等吸水剂；放风要循序渐进，不能太急，以免造成棚内湿度急剧变化；在中午温度高时，棚内湿度很小，可以适

当喷水，增加湿度，减少裂果。

④ 铺设地膜。棚内樱桃要采用地膜覆盖，通过地膜覆盖不仅保持土壤湿度，同时又能增加地温和减小棚内湿度，避免裂果的发生。铺膜时以樱桃树行为中线，将树行土地整成中间高、两边低的两面坡形即可。

⑤ 叶面喷施钙肥。钙是果胶层中果胶钙的主要组成成分，而果胶钙可使相邻细胞相互联结，增强细胞的坚硬性，提高果实品质，增加果实耐贮性。因此，大樱桃采前裂果常与果实缺钙有关，及时补钙就是预防大樱桃裂果的重要措施之一。生产中可在谢花后两周左右至采收前，每10天左右喷施一次300～600倍有机钙肥溶液（如养分平衡专用钙肥、氨基酸钙等），共喷2～3次，即可明显减轻裂果；喷施氢氧化钙150倍液和氯化钙100倍液，也有良好预防效果。喷钙肥对防止裂果有重要作用，能减少裂果10%左右。

3. 提高设施樱桃品质的措施

（1）增大果个和提高果实整齐度　开花前疏去细弱枝上的花蕾，初花期疏去花束状果枝上的弱质花、畸形花。每个花束状果枝或短果枝留8～10个花蕾。坐果后及时疏果，除小果、畸形果等，一般每花序留2～3个果。

（2）增亮增色　果实膨大期喷2～3次200倍氨基酸钙或400～500倍氨钙宝，可增大果实，增加果实亮度，硬度和果面蜡质。果实着色期摘去挡光的叶片，树下铺反光膜，北墙拉反光幕改善光照条件，可以促进果实上色，提高着色度。

（3）多施有机肥，保持土壤湿润，进行CO_2施肥。

（4）减少药剂，特别是污染果面的药剂的用量。

（5）加大昼夜温差　早揭帘、晚放帘或外界夜温高时夜间不盖帘。

四、病虫草害管理

设施栽培大樱桃病虫害防治应以预防为主，防治结合。要求发芽前喷5°Bé石硫合剂铲除残留树体的病虫害；开花前后喷70%代森锰锌可湿性粉剂500倍液防治花腐病；谢花后至果实采收前每隔10～15天喷70%甲基托布津可湿性粉剂800倍液或用72%硫酸链霉素可湿性粉剂3000倍液防治烂果病、穿孔病、流胶病；采果后喷一遍50%的多菌灵650倍液，6～8月喷两次1∶1∶240倍的波尔多液，防治叶部和枝干病害。为害樱桃的主要害虫有桃红颈天牛、桑白蚧、舟形毛虫、刺蛾等。在棚室覆盖塑料薄膜至萌芽前，应喷100倍蚧螨灵＋2000倍吡虫啉防治，可喷20%来福灵1800倍液防治。发生红蜘蛛或二斑叶螨时喷20%哒螨灵可湿性粉剂1200～1500倍液。

1. 主要病害的防治

（1）樱桃穿孔性褐斑病　主要危害叶片，严重时造成早期落叶。病菌在落叶或枝梢上越冬。5～6月份开始发病，8～9月份为发病盛期。发病初期，叶片上形成针头大小的紫色斑点，以后逐渐扩大，相互融合，形成圆形褐色斑点，最后病斑干缩脱落，形成穿孔。防治方法：改善通风透光的条件，增强树势，提高树体抗病力；在休眠期剪除病梢，清扫落叶；萌芽前全树喷石硫合剂；展叶后至采果前喷硫酸锌石灰液（硫酸锌0.5kg，消石灰2kg，水120L）防治，也可喷70%代森锰锌800倍液，75%百菌清800倍液等防治；采果后喷2～3次1∶2∶200倍量式波尔多液，并注意通风锻炼叶片。

（2）流胶病　流胶病为樱桃树上最常见病害之一。自萌芽开始，在枝干伤口处和枝杈栓皮死组织处溢泌树胶。流胶后，病部稍肿，皮层及木质部变褐腐烂，并腐生其他杂菌，导致树势日衰，严重时枝干枯死。防治方法：增施有机肥，防止旱、涝、冻害；健壮树势，提高树体抗性；树干涂白，预防日灼；增强病虫害特别是蛀干害虫的防治；修剪时减少伤口，避免机械损伤；对已发病的枝干应及时、彻底刮治清除，伤口用生石灰10份、石硫合剂1份，食盐2份、植物油0.3份加水40份调制成保护剂涂抹。

2. 主要虫害的防治

（1）二斑叶螨的防治　又名二点叶螨、白蜘蛛等，撤膜后的6～8月份发生，为害严重。清除枯枝落叶，并结合打树盘松土和浇水，消灭越冬雌虫；花前采用药剂防治，喷一次万灵2000倍液。在害螨发生期可选用1.8％齐螨素乳油4000倍液或5％霸螨灵乳油2500倍液或20％哒螨灵乳油2000倍液，喷药时必须将药液均匀喷到叶背、叶面及枝干上。

（2）桑白蚧的防治　结合修剪剪除有虫枝条，或用硬刷、刀片除去越冬成虫；若虫孵化期防治可喷施45％晶体石硫合剂120倍液或洗衣粉500倍液。

五、果实采收及采后管理

1. 果实采收

（1）分批采收，科学分级　大樱桃果实的分级目的在于提高商品价值。分级时，首先将病果、僵果、畸形果、过熟果、霉烂果以及杂质一块去除，然后可按照以下标准进行分级。特级：单果重大于10g；具有本品种的典型果形和色泽，深色的品种着色全面，浅色的品种着色面2/3以上；果面鲜艳光洁，带有新鲜果梗，不脱落。无擦伤、裂口、果锈、灰霉污斑和日灼伤斑；无病虫害，无畸形果。一级：单果重8～9.9g；具有本品种的典型果形和色泽，深色的品种着色全面，浅色的品种着色面1/2以上；果面鲜艳光洁，带有新鲜果梗，不脱落。无擦伤、裂口、果锈、灰霉污斑和日灼伤斑；无病虫害。二级：单果重6～7.9g；具有本品种的典型果形，深色品种着色全面，浅色品种着色面1/3以上；果面鲜艳光洁，带有新鲜果梗，不脱落。无擦伤、果锈、灰霉污斑和日灼伤斑；无病虫害，允许有5%的畸形果。三级：单果重4～5.9g；具有本品种的典型果形，深色品种全面着色，但色调浅，浅色品种略有着色；果面洁净，允许有总数不超过10%的碰压伤、锈斑和灰霉污斑；有果梗，允许有10%的无果梗；无破、裂口，无病虫害，允许有15%的畸形果。中国樱桃的果重可以适当按级别降低。

(2) 增强包装技巧，提高商品性　大樱桃是水果中的珍品之一，采用精美的包装是提高商品性的重要手段，还能使果品保鲜，减少贮运和销售中的损耗。以往的包装多用柳条筐、木箱等，近年来运销的多用纸箱，日本都采用瓦楞纸箱，方便运输和销售。目前设施栽培的大樱桃多采用小包装。这些小包装材料用纸或无毒的硬塑料制成盒或盘，使消费者一目了然，且携带方便。如山东枣庄市山亭区设计的2.5kg和1.0kg装的手提式纸盒和0.25kg装透明塑料盒。在纸盒后一侧有透明塑薄膜窗。长途运输时，纸盒或塑料盒再装入纸箱中运输，在美国，用透明薄膜袋、折叠盒和果盘等小包装，折叠盒或果盘装有塑料薄膜窗，可装果1.1～2.2kg，如外运，再将这些袋或盒装入纤维板箱或板条箱内。包装盒里上下两边各铺一层厚的吸水纸，可以降低包装盒里空气湿度，减少樱桃腐烂率，延长贮运期。

2. 采后管理

(1) 撤膜

为确保大樱桃设施栽培连年取得成功，需加强采收后的管理，并及时采用促花措施，以利来年生长结果良好。在采收前3～5天，就要逐渐延长通风换气时间，减少棚室内外的温、湿差，以增进果实品质，并提高树体对外界的适应性，避免叶片受害造成二次开花。采果后每2～3天将膜接口扒宽0.5m，15～20天后外界温度不低于15℃时，选择连续2～3天多云或阴天之前撤膜，先去掉大棚四周的薄膜，隔5～7天后再分2～3次分期分批揭去棚顶膜。每次间隔5天左右，使树体逐渐适应由棚内到棚外的环境变化。千万不能一次去掉所有棚膜，以防因环境骤变引起叶灼，甚至干枯落叶。

大樱桃采收撤膜后，正是花芽形态分化期，盛果期树株施腐熟的农家肥50kg，浇水后翻地。其他土肥水管理和露地管理一样。大樱桃中一些早熟品种如意大利早红、红灯等，设施栽培条件下一般可在4月中下旬采收完毕，此时外界气温低，不能撤膜，应在5月下旬到6月上旬撤掉棚膜。

(2) 合理修剪

揭棚膜后去大枝，去掉顶部遮光严重的过密枝及下部离地面较近的无效枝，年内1次去2～3个大枝。去枝时，伤口不留桩，伤口面削光滑，以利愈合。疏除竞争枝、交杈枝、降低树高。以拉枝为主，开张大枝角度。对外围枝去掉多头分枝，单轴延伸。这样能改善光照，优化枝类结构，促进花芽分化，利于形成优质结果枝，提高产量。

保护地栽培樱桃在果实采收后要进行1次修剪。树冠的控制、树体结构的调整、骨干和结果枝组的更新复壮都要在这次完成。一是对骨干枝应用放出去、缩回来的办法。维持树冠的大小和高矮，防止树冠间的交杈和树冠顶部距棚膜过近。维持骨干枝中庸树势。二是对开始衰弱的结果枝组进行回缩、更新、复壮，回缩到壮枝、壮芽处。三是对部分外围新梢进行短截，注意剪口芽应选在叶芽上，避免后部花芽的萌发。四是对过密枝、交杈枝、重叠枝进行回缩或者疏除处理，改善树冠通风透光条件。

第五节　其他设施樱桃生产技术

一、避雨栽培和花期防霜冻栽培

由于大樱桃的成熟期多在雨季，特别是中晚熟品种，裂果现象严重，造成丰产不丰收、经济效益低等问题。同时大樱桃是开花较早的树种，经常会遭遇晚霜或倒春寒的危害，给生产造成极大损失。在雨水较多的地区建造大樱桃园时，可以用水泥柱、铁丝、化肥袋质材的篷布、尼龙绳等材料，建造简易的防雨设施，下雨前将篷布拉上，雨后再将篷布拉下。此法不仅能防雨，还能在花期前后预防霜冻。

在长江流域有采用固定式的防雨棚栽培樱桃的，目的是解决当地过多的降雨引起的病害和裂果。相比之下，河南省郑州市广武镇农民创造的可随时张开和收拢的防裂果和防花期冻害兼用的简易防雨棚经济有效、值得推广。其做法是沿树行立一行立柱，柱略高于树高，柱与柱顶端拉一道钢丝；用 4 幅防雨布缝制成一大幅棚布，用“S”型挂钩的下钩钩住棚布的中缝，挂钩的上钩挂于树顶上的钢丝上。下雨时，像拉窗帘一样把棚布拉开，把树盖上，使雨水不淋在果实和树叶上，解决了裂果问题；当出现霜冻时，在花期气温不低于－4℃的地方，树上盖这样的棚布即可解决低温危害；在温度低于－4℃的时候，棚布下烧一些煤炉，或熏烟，也可基本解决冻害问题。这样的棚布随时可收回存放于家中，而且可多年使用。搭建这种棚，每 667 米^2 投资仅 3000 多元，虽然不起促早熟作用，却解决了大樱桃栽培区经常出现的花期冻害和成熟期裂果的问题，又因能多年使用，经济、实惠、可行，不少农户已开始效仿这种方法，这将大大有利于樱桃的稳产和增收。

甘肃省天水地区大樱桃种植户采用的则是另外的形式来解决类似的问题。当地用钢筋水泥立柱或钢管为支架（高3.5m左右，视树高而定），上搭设弓形棚架（最高处4.5m左右），用铁丝固定，在霜冻、雨雪天气来临之前于棚架上及周围铺设彩条布或温室大棚专用塑料，可有效预防低温冻害造成的损失，同时可有效预防果实成熟期下雨造成的裂果。当地称之为“三防棚”（防霜、防冻、防裂果）。樱桃园搭建“三防棚”为一次投资，多年受益，是适宜在易发生早春低温冻害地区大面积推广的一项实用技术。

2005年大连市金州区七顶山乡七顶山村村民丛长弟投资3万多元，利用水泥杆和沙条杆做支架，8号铁线做龙骨，塑料布做覆盖物建造防雨棚。具体做法：每2行树扣1个棚，棚高5.5m，侧高2.7m，离地面1.8m以下不扣塑料布，以便通风。在樱桃果实接近成熟前覆盖塑料布。当年125株樱桃树产量达4818kg，收入达12万多元。同时，由于塑料布具有一定的遮光效果，使樱桃果实的成熟期得到推迟，达到延后生产的效果，错开了果品上市的时间，使果品的市场价格得以提高。比如‘8-102’不扣棚的成熟期在7月初，而扣棚后的成熟期在7月中下旬，前后价格每公斤相差二十多元，每667m^{2}增加收入4000多元。大胆尝试的成功，更增加了丛长弟的信心，2006年他又加大了投资力度。到目前为止，丛长弟的大樱桃防雨棚覆盖面积已达0.67hm^2，2007年仅扣防雨棚的大樱桃产值就达30多万元。

据山东省烟台市农业科学研究院果树研究所（烟台农科院果树所）归纳，大樱桃防雨棚可分为拉帘式和固定式两大类。其中拉帘式又可分为一线拉帘式（图 5-14）、三线拉帘式（图 5-15、图 5-20）、四线拉链式（图 5-16）和篷布收缩式（图 5-17）等不同形式；固定式又可分为塑料固定式（图 5-18）和三线固定式（图 5-19）等形式。

图 5-14　一线拉帘式防雨棚（烟台农科院果树所，李延菊）

图 5-15　三线拉帘式防雨棚（烟台农科院果树所，李延菊）

二、延后成熟栽培

在初春扣膜，棚顶白天盖草苫和遮阳网控制棚内温度的上升，而在夜间通风降温，到适宜的时候揭去草苫、遮阳网和棚膜，让其开花结果，实现延后采收。地处南半球的新西兰和澳大利亚，有的农户把樱桃种于大塑料袋中，在春天到

图 5-16　四线拉帘式防雨棚（烟台农科院果树所，李延菊）

图 5-17　篷布收缩式防雨棚（烟台农科院果树所，李延菊）

来之前把樱桃树拉入冷库，推迟其发芽、开花和成熟，所产樱桃供应北半球 1～2 月的市场，特别是中国的春节市场，卖出了高价。鉴于不耐贮藏水果的成熟期特点，在我国葡萄的延迟栽培研究相对较多，樱桃上面还很少。

2003 年春，大连市金州区果树技术推广中心投资 150 万元在金州区二十里堡镇前半拉山村建成了 $4hm^2$ 连栋大棚。大棚长度 100m，跨度 8～12m，矢高 3.2～4.2m，肩高 1.8m，以为热镀锌铁管做棚体骨架，立柱横梁为直径 5 厘米铁管，拱顶用直径 1.8～2cm 铁管、10mm 的钢筋做拉

图 5-18　塑料固定式防雨棚图
（烟台农科院果树所，李延菊）

图 5-19　三线固定式防雨棚

图 5-20　智利三线拉帘式防雨棚（烟台农科院果树所，李延菊）

花，拱架每隔 1m 一个焊接而成，立柱用自己拌制的混凝土打制而成。棚上覆盖华盾高保温无滴塑料棚膜和 30％透光率的遮阳网。棚内栽植晚熟大果型大樱桃品种 8-102、佳红、拉宾斯、萨米脱等，树龄 5 年生，栽植行株距为 4m×2m，采用改良纺锤形树形。大连市一般在 2 月中下旬气温开始逐渐回升，此时选清晨无风天覆膜。每年 11 月初灌透封冻水，基本可保证春季大棚内的湿度。为了预防白天棚内气温升高，棚上全覆盖两层透光率 30％的遮阳网。3 月末至 4 月上旬，外界气温在－2～13℃内变化，大棚内气温在－3～8℃内变化，此时棚内30～40cm土层仍为冻土层。4月中旬外界气温在7～18℃内变化，大棚内气温在5～13℃内变化，棚内30cm土层已逐渐化冻，此时将一层遮阳网全部撤除，剩余一层遮阳网与棚膜在3～5天内逐步卷起，固定在棚上。为了延迟萌芽，用生石灰4～5kg兑水50kg搅拌均匀后向树体喷白，利用白色反光降低树体温度1～2℃。地面用井水灌透后覆黑色地膜以降低地温2～3℃。为了不影响树体光合作用，4月末5月初树体展叶、开花后，大棚基本不遮阳。5月末6月初，大棚大樱桃进入着色期，待80%果实由白转红时，将棚膜与遮阳网重新打开覆盖在棚拱顶上，棚肩或立柱以下裸露不覆。6月中下旬大棚大樱桃进入充分成熟期，一直可采至7月中上旬，且游客采摘不受雨天影响。

三、防鸟栽培

据大连旅顺口区三涧堡街道农业科技人员统计，每年大樱桃因鸟损失在10%左右。防止鸟类对大樱桃的危害，目前最有效的方法是在树上覆盖防鸟网。早期有农民直接使用塑料网，现在生产上有专门的防鸟网销售，是一种采用添加了防老化、抗紫外线等化学助剂的聚乙烯为主要原料，经拉丝制造成网状织物，具有拉力强度大、抗热、耐水、耐腐蚀、耐老化、无毒无味、废弃物易处理等优点。防鸟网有一次性的和可重复使用的两种。使用寿命较长的可以采用钢管搭架全园覆盖的方式，一次投资可以多年受益，缺点是一次性投资较多；一次性的可以采用单株直接覆盖的方式，在大樱桃成熟前把网覆盖到树上，每667m^{2}投资仅300元，可以大大减少鸟类对樱桃的取食危害。另外防雨棚也具有防鸟的作用。果农可以根据实际情况来选择不同的防鸟设施。

第六章

设施果树的经营与管理

第一节 设施果树生产计划制定

一、市场调研

1. 市场调研的定义与分类

市场调研是市场调查与市场研究的统称，是个人或组织根据特定的决策问题而系统地设计、搜集、记录、整理、分析及研究市场各类相关信息资料、报告调研结果的工作过程。市场调研是市场预测和经营决策过程中必不可少的组成部分。在分类中，包括定量研究、定性研究、零售研究、媒介和广告研究、商业和工业研究、对少数民族和特殊群体的研究、民意调查以及桌面研究等。近年来，伴随着互联网的发展和新技术的应用，市场调研往往借助专业在线调查收集信息，处理数据。这种高效的调查手段也被许多调查咨询公司广泛应用，其优点主要表现在提高调研效率、节约调查费用、调查数据处理比较方便、不受地理区域限制等方面。但在线市场调研并不是轻易可以实现的。

2. 市场调研的方法

市场调研的方法主要有文案调研、实地调研和特殊调研。

(1) 文案调研　文案调研又称间接调研，主要是搜索网上资料和图书馆书籍，对收集到的二手资料进行整理和分析，从而获得所需信息。其优点是方便、快捷、省时、省力；缺点是资料具有滞后性，真实性和全面性也有待核实。在设施果树栽培前期的市场调研过程中，可选用此方法，它不仅可以让企业在最短的时间里获得尽可能多的关于目标市场的一些相关情况，还能为实地调研提供依据。比如：计划在A市种植设施葡萄，一开始就可用较短的时间通过网络、专业书籍、专业期刊等来了解全国、A市以及A市周围地区的设施葡萄产业的相关情况，对设施葡萄市场有个较广的了解，并从中选择有代表性的生产基地进行实地考察。

(2) 实地调研　实地调研又称直接调研，主要有3种方法：询问法、观察法和实验法，即通过实地去"问"(询问法)、"看"(观察法)、"做"(实验法)来获得所需信息。其优点是能够准确、客观地获得大量的一手资料，并对调研对象有更多的感性认识。缺点是费时、费力。

① 询问法：是指调查人员通过各种方式向被调查者发问或征求意见来搜集市场信息的一种方法。询问法可分为深度访谈、GI座谈会、问卷调查等方法，其中问卷调查又可分为电话访问、邮寄调查、入户访问、街头拦访等调查形式。采用此方法需要注意：所提问题的必要性，被访问者有能力回答所提问题，访问的时间不能过长，访问的语气、措词、态度、气氛必须合适。在设施果树栽培的市场调研过程中，企业根据文案调研结果分析得到想要进一步了解的有关情况后，可用此方法在目标区域对目标群体进行详细的调

查。以设施果树种植者和水果消费者为例进行问卷调查，对设施果树种植者的调查一般都在实地考察过程中完成，对水果消费者的调查一般采用街头拦访的方式进行。具体的调查内容见表 6-1 和表 6-2，各个企业调查的侧重点不同，可根据自身实际情况修改调查内容。

表 6-1　设施果树种植者的问卷调查表

设施果树种植者的调查问卷
1. 栽培品种？______ 2. 栽培面积(亩)？______ 3. 果实产量(斤)？______ 4. 果实价格(元/斤)？批发价格______;零售价格______ 5. 鲜果销售途径？______ 6. 工人工资？长期工(元/月)______;短期工(元/天)______ 7. 主要病害？病害时间？防治方法？______ ______ 8. 主要虫害？虫害时间？防治方法？______ ______ 9. 每年施肥次数？施肥时间？肥料种类？______ ______ 10. 设施建造类型？建造费用？______ 11. 土地租金(元/亩)？______
谢谢您的参与！ 被访问者性别:男(　)　女(　) 被访问者年龄:20～30 岁(　)　30～40 岁(　)40～50 岁(　)　50 岁以上(　)
访问者:______访问地点:______访问时间:______

② 观察法：它是调查人员在调研现场，直接或通过仪器观察、记录被调查者行为和表情，以获取信息的一种调研方法。

表 6-2　水果消费者的问卷调查表

水果消费者的调查问卷
您好:我们是＊＊＊。为了了解大家在购买水果时遇到的各种问题,我们做了此次问卷调查,为了感谢您的热情参与,我们特地为大家准备了＊＊＊。
1. 你喜欢吃水果吗? 喜欢(　)　不喜欢(　)　一般(　)
2. 你喜欢吃哪几种水果? 苹果(　)　香蕉(　)　梨(　)　葡萄(　)　橘子(　)　桃(　)　其他(　)
3. 你认为吃水果的最佳季节是? 春(　)　夏(　)　秋(　)　冬(　)
4. 你认为一天中哪个时间段吃水果最好? 饭前(　)　饭后(　)　其他(　)
5. 你平时什么时候买水果? 周一～周五(　)　周末(　)　不固定(　)
6. 你每周买几次水果? 1 次(　)　2 次(　)　3 次(　)　3 次以上(　)
7. 你每次买水果都花多少钱? 10 元以下(　)　10～20 元(　)　20～30 元(　)　30 元以上(　)
8. 你一般去哪里买水果? 流动水果摊(　)　社区水果店(　)　社区超市(　)　大型商场(　)
9. 你买水果注意什么? 新鲜程度(　)　价格(　)　购买方便(　)　包装(　)　品种(　)　产地(　)
10. 你会注意水果的外表吗? 会(　)　不会(　)　偶尔会(　)
11. 你觉得现在的水果种类可以满足你的要求吗? 可以(　)　不可以(　)　勉强可以(　)
12. 你觉得现在的水果还有哪些方面不能满足你的要求? 新鲜程度(　)　价格(　)　方便程度(　)　其他(　)
13. 假如你周围的水果店在价格和质量上都有所改善,你会增加对水果的消费吗? 会增加(　)　不会增加(　)　有待考虑(　)
谢谢您的参与! 被访问者性别:男(　)　女(　) 被访问者年龄:20～30 岁(　)　30～40 岁(　)40～50 岁(　)　50 岁以上(　)
访问者:　　　　访问地点:　　　　访问时间:

③ 实验法：它是通过实际的、小规模的营销活动来调查关于某一产品或某项营销措施执行效果等市场信息的方法。实验的主要内容有产品的质量、品种、商标、外观、价格，促销方式及销售渠道等。此方法可用于果园建设成熟以后，新产品或产品组合的试销和展销，以检验新产品的受欢迎程度。

（3）特殊调研　特殊调研有固定样本、零售店销量、消费者调查组等持续性实地调查；投影法、推测试验法、语义区别法等购买动机调查；CATI计算机调查等形式。

3. 市场调研的主要内容

（1）行业状况　行业状况研究主要是了解目标行业的国内外现状、市场供求与竞争、经营的季节性与周期性、发展趋势以及行业生产条件等等。针对设施果树，需要特别注意新技术在设施果树栽培上的运用，同时，也要关注与本行业有关联的其他行业的动向。

（2）目标消费群体　目标消费群体是产品的消费终端，要不断发现和满足他们的需求。主要了解目标消费群体的需求变化、消费习惯、接触媒体的方式、生活价值观等等。在鲜果消费方面，通过目标消费群体可以了解到他们所需的水果品种和数量，进而可以推算出该地区的水果需求总量。比如：每个人每天吃多少水果及水果品种，每个家庭每天需要多少水果。

（3）竞争对手　对于竞争对手，主要了解他们的产品知名度、市场占有率、经营者的变动、产品价格、业务员待遇、销售政策、促销政策等等。针对设施果树，需要了解竞争对手的内容主要包括：种植品种、种植面积、果实产量、果品质量、果实价格、工人待遇、销售方式等等。只有这样，才能知己知彼，百战不殆。

（4）销售途径　销售途径主要包括零售、团购、批发、电话销售、网络销售、老客户推荐等。根据目标行业的特点找出最适合自身企业发展的销售模式。设施果树栽培一般以批发销售为主，批发到外地或当地，可全面了解目标区域水果经销商的经营规模、经营品种、畅销品种等。水果经销商的数量和规模可以反映一个地区水果产业的发展情况。经销商越多越大，说明当地的水果产业发展越好，竞争也会越激烈。通过了解经销商也可以进一步了解竞争对手和当地水果产业的发展状况。

此外，调查目标区域的政治、经济、文化、人口、气候、地理交通、宗教风俗和农林局等等，这是市场调研的必要补充。

4. 市场调研的作用

通过市场调研，可以更好地了解目标消费群体的需求变化，了解竞争对手的产品及发展动态，了解水果经销商的数量和规模，更加全面地掌握市场环境，把握市场发展的方向，明确市场目标，做到市场营销决策真正以市场的真实面目为导向。

通过市场调研，可进一步了解竞争对手的营销模式，准确掌握竞争对手的市场占有率，以明确本企业的努力方向。

通过市场调研，企业自身对自己的市场会有一个更细化、更准确的认识，可以更好地将市场做细、做透，明确目标市场的开发重点。

通过市场调研，设施果树种植者可确定目标区域的目标栽培树种、栽培品种，以及一种或几种销售途径。根据目标树种，结合企业自身情况选择适合的栽培形式。

二、栽培计划及设施建造

果树设施栽培按生产模式可分为：促早栽培、延后栽培、避雨栽培、异地栽培；按设施类型可分为：塑料大棚、温室、避雨棚、遮阳网、防虫网。设施建造得是否标准、规范，是否能满足目标树种生长所需要的条件，是减少病虫危害，保证果实品质的关键。

1. 塑料大棚的建造

塑料大棚又称塑料棚保温栽培，是一种不经人为加温，只利用日光温度和土温积聚而进行果树设施栽培的方式。塑料大棚的类型，按棚顶形状不同可分为：拱圆形、屋脊形（如图 6-1）；按骨架材料不同可分为：竹木结构、钢筋混凝土结构、钢架结构、钢竹混合结构等；按连接方式不同可分为：单栋大棚和连栋大棚。

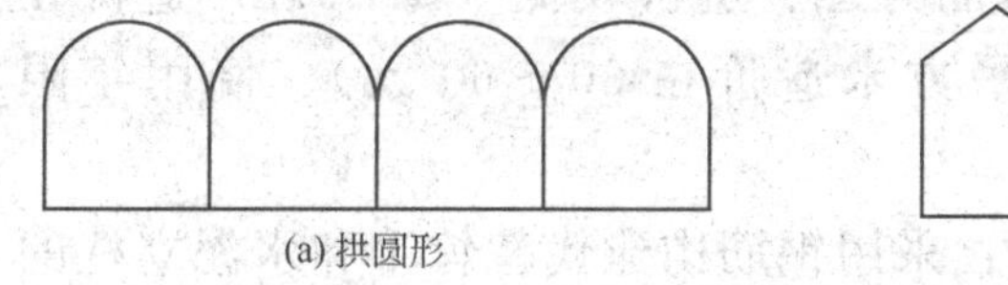
(a) 拱圆形

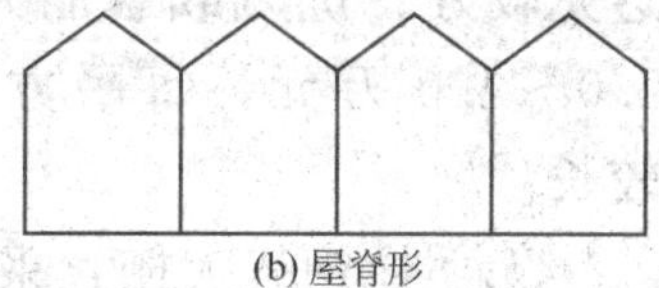
(b) 屋脊形

图 6-1　塑料大棚的棚顶形状

（1）园址选择　塑料大棚应选建在地势平坦、日照充足、通风良好、交通方便的场所，以土壤肥力较高，土质疏松、排水良好的沙壤土为最好，其次是壤土或黏性土壤，要求有良好的灌溉条件和排水条件。

（2）型式和规格　目前，塑料大棚主要有 3 种型式：

① 竹木结构塑料大棚：主要由立柱（竹竿或木杆）、拱杆、拉杆、吊柱（悬柱）、棚膜、压杆（或压膜线）和地锚等构成，其中立柱分中柱、侧柱、边柱三种。这种大棚的跨度一般是 12～14m，高 2.2～2.4m，长 50～60m（跨度、高度、长度也可根据具体情况决定）。其特点是取材方便、建造容易、拱杆多柱支撑、比较牢固、造价低（每亩造价在

4000～8000元，每平方米造价在6～12元)，但棚内立柱多、遮光严重、操作不方便、抗风载雪能力弱、使用年限仅2～3年。这种大棚比较适用于资金不足或有较多竹木的地方，用作春季瓜果蔬菜的育苗及栽培。

② 钢架大棚：主要分为两种，一种是立柱钢架大棚；一种是无立柱钢架大棚。

立柱钢架大棚：采用特种水泥加入钢筋、钢纤维、玻璃纤维等增强材料，运用复合预制技术建造而成。跨度一般是8～10m，顶高3.2～3.5m，肩高2.0～2.1m，棚长30m(也可根据需要增至45～60m，一般不超过80m，过长不便管理、牢固性降低和棚内通风效果差)，其特点是立柱较少、透光较好、抗风载雪能力强、造价较低（每667m^2造价在2.0～4.0万元，每平方米造价在30～60元)、使用年限较长。

无立柱钢架大棚：采用钢筋构建代替竹竿和水泥立柱的一种塑料大棚。跨度10～12m，拱高2.5～2.7m，棚长30～60m，每隔1m设一道拱梁，拱梁上弦用16mm粗钢筋，下弦用14mm粗钢筋，上下钢筋之间用10mm粗钢筋拉花焊接，梁和梁之间在下弦用14mm粗钢筋连接。其特点是无支柱、透光性好、内部空间大、方便机械操作、抗风载雪能力强、使用年限长，但初期造价较高（每667m^2造价在5.0～8.0万元，每平方米造价在75～120元)。

③ 镀锌钢管装配式大棚：采用镀锌钢管制作成拱杆、拉杆、立柱，用卡具、套杆连接棚杆组装成棚体，根据需要可自行拆卸，覆盖薄膜用卡簧槽固定，并用3～5道纵向拉管将拱棚连接起来，两边采用摇臂式自动卷膜机进行卷膜放风，也可配有遮阳网和防虫网。跨度一般是6～8m，顶高2.2～2.8m，肩高1.2～1.7m，棚长30m（也可根据需要增

至45～60m)，拱间距0.65～0.9m。其特点是透光性好、内部空间大、方便机械操作、抗风载雪能力强、盖膜方便、卷膜灵活、温度分布均匀、使用年限长达15年，但造价高(每667m^{2}造价在5.3～11万元，每平方米造价在80～170元)。目前，镀锌钢管装配式大棚比较适合设施果树的栽培，此类大棚都是由专业厂家定型生产，专业技术人员进行建造，已形成标准、规范的有20多种系列产品。

(3) 总体规划与建造原则　在选定场地、大棚型式后，应根据场地大小、大棚棚数、工作间、仓库、配电室、工人住房、道路等进行园地的总体规划。大棚建造需注意三大原则：

① 棚向南北比东西好，南北朝向的大棚内各个地方光照和温度差异较小，有利于作物较整齐的生长；

② 棚与棚之间东西间距2m以上，南北间距4m以上，这样设计不仅有利于棚内通风，还可避免棚与棚之间相互遮阳，提高土地使用率；

③ 如果棚数少，可对称整齐排列(东西成行，南北成行)；如果棚数较多，则应错落有致进行排列，这样便于采光和通风。

(4) 建造程序　塑料大棚建造主要包括两个阶段，即准备阶段和施工阶段。各阶段主要工作如下：

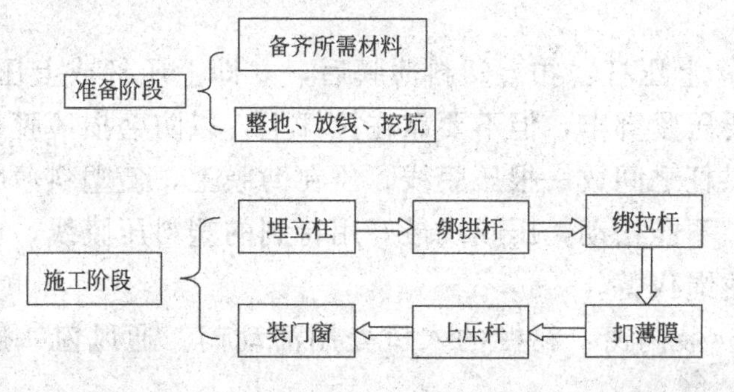

首先，准备阶段的主要工作有两个方面，一方面是按照选定大棚类型的要求，把所需的拱杆、拉杆、立柱、压杆、门窗、塑料薄膜等材料备齐，并根据大棚的大小裁好薄膜；另一方面是把土地整平，按照南北方向定好大棚边线和埋立柱、插拱杆的位置，并挖好坑，一定要确保埋设一致。

其次，施工阶段的主要工作是埋立柱、绑拱杆、绑拉杆、扣薄膜、上压杆、装门窗。

① 埋立柱：立柱主要起到固定拉杆的作用。要在土壤封冻前埋好立柱，埋置深度 40cm 左右。埋置顺序应是先插中央立柱，后插边柱。埋设好的立柱，要求南北成行，东西成排，立柱间距一致，同一排立柱埋设的高度也要一致。注意埋立柱时应预先留出门的位置。

② 绑拱杆：拱杆连接后弯成弧形，它是支撑薄膜的拱架。把拱杆放在立柱上端“V”字槽内，拱杆的两端深埋 30cm 左右。要求每个立柱上均有一根拱杆，拱杆的拱形要在一条直线上，拱杆和立柱之间要绑紧绑牢。

③ 绑拉杆：拉杆是纵向连接立柱的横梁，对大棚骨架整体起加固作用。横拉杆要绑在距立柱顶端约 30cm 的地方，使棚架连成一个整体。

④ 扣薄膜：选择晴朗无风的上午进行扣膜，把成卷的薄膜由棚的一侧向另一侧慢慢地扣过去，然后拉紧四周，固定好。

⑤ 上压杆：扣上塑料薄膜后，立即上压杆或上压膜线。压杆要压紧绑牢，但不要靠在拉杆上，以防磨损薄膜；或在两根拱杆之间放一根压膜线，压在薄膜上，使塑料薄膜绷平压紧，不能松动，压膜线最好用特制的塑料压膜线，也可以用尼龙绳代替。

⑥ 装门窗：在棚的入口处用活动门。通风窗一般设三

排，即棚顶一排，两侧距地面约 1m 处各开一排。

2. 温室的建造

温室是指以采光覆盖材料作为全部或部分围护结构材料，可供冬季或其他不适宜露地植物生长的季节栽培植物的建筑。温室的类型，根据有无人工加温设备，可分为日光温室和加温温室两种，其中日光温室可分为高效节能型日光温室和普通日光温室，普通日光温室可分为半拱圆形日光温室、琴弦式日光温室、一斜一立式日光温室等；根据透明屋面型式的不同，可分为单斜屋面温室和双屋面温室；根据覆盖材料的不同，可分为塑料温室、玻璃温室和玻璃钢温室；根据骨架结构所用的材料不同，可分为土木结构温室、砖钢架结构温室、土墙钢架结构温室和砖木结构温室等；根据规模不同，可分为单栋温室和连栋温室。

（1）园址选择　建造温室的地址应选在地形开阔、平坦或向阳的缓坡地段，避开风口、河谷、山川，东、西、南三面无高大物件遮挡，水源充足，交通方便，供电设备好。温室内的土壤要肥沃，土质松散，土层较深，保肥、保水性能要好。

（2）型式和规格　生产上用的温室一般都是指高效节能日光温室，它是充分依靠阳光辐射提高温室温度，并采取多种措施加强防寒保温，创造适合作物生产所需的温度、湿度、光照、气体等条件的重要设施。高效节能日光温室主要由墙体、前屋面、后屋面、保温被等构成，其中墙体分北边为后墙，东西两边为山墙，南边为前墙；前屋面是透明屋面，由前屋架、塑料薄膜或玻璃等组成；后屋面可起保温作用和供人上去揭盖保温被和放置保温被，由后屋架、屋板、保温屋和防水层组成。

高效节能日光温室想要建造得标准、规范，就必须注意

“六度”，即跨度、高度、长度、前后屋面角度、墙体和后屋面的厚度以及后屋面水平投影长度。

① 温室跨度是指从温室北墙内侧到南底角间的距离，一般以6～8m为宜。

② 温室高度是指温室屋脊到地面的高度，其中跨度是6m时，高度在2.8～3.0m为好；跨度是7m时，高度在3.3～3.5m为好；跨度是7m以上时，高度在3.6m左右。后墙高度一般在1.8～2.0m。

③ 温室长度是指温室的东西长度，一般以40～60m为宜，最长不能超过100m。

④ 温室的前屋面角是指前部塑料薄膜与地平面的夹角，应确定在24°～35°。温室的后屋面角是指温室后屋面与后墙水平线的夹角，应确定在30°～45°。

⑤ 温室墙体如果是有夹心保温层的石墙或砖墙，那厚度一般在50～60cm；如果是内墙为石头或砖墙，外面再培防寒土的墙体，那厚度一般是当地冻土层再加30～50cm。温室后屋面的厚度一般在40～70cm。温室墙体和后屋面主要起到承重、保温、蓄热的作用。

⑥ 温室的后屋面水平投影长度应在1.0～1.4m，后屋面过长不仅会造成春、夏、秋季温室北部地面阴影过长，还会减小前屋面的采光面积。

高效节能日光温室的特点是具有良好的采光屋面，能最大限度地透过阳光；保温和蓄热能力强，能最大限度地减少温室散热；温室的结构设计合理，抗风压、载雪能力强；温室结构充分合理地利用土地，能最大限度地节省非生产部分占地面积；温室建造时可就地取材，以便降低成本。

目前，高效节能日光温室的规格多样，各地区造价不等，单栋温室跨度6～8m，高度2.8～3.6m，长度40～60m

的造价一般在3～4万元。种植户可根据实际情况选择最合适的一种。

（3）总体规划与建造原则　在选定场地、温室类型后，应根据场地大小、温室栋数、工作间、仓库、配电室、工人住房、道路等进行园地的总体规划。温室建造要注意四大原则：

① 材料就地取材。在农村三面墙可用土砌成，农膜覆盖；在山区可依托山坡或丘陵建造，省去后墙建造，既保温又耐用。

② 合理利用自然光照。温室一般采取东西延长建造，朝向均为坐北朝南。在实际生产中，要根据当地的气候条件、地理位置和温室的主要生产季节进行针对性设计各个方位角度。

③ 相邻温室之间间距合理。如果温室与温室之间的间隔距离太小，前面的温室就会遮住后面温室的光线，那么后面温室的采光成效就会受到波及。所以，前后两栋温室间距最好达到温室高度2倍再加1m，这样才能防止前后温室遮阳。

④ 根据当地自然条件，加强保温蓄热设计。如果温室蓄热不好，就要进行加温，这样就会消耗大量能源，导致成本增加，效益降低。

（4）建造程序　根据各个地方气候条件的不同，日光温室大棚的建造时间也有所差异，一般都尽可能提早施工，要确保在使用之前墙体能够充分干透。日光温室的建造步骤如下：

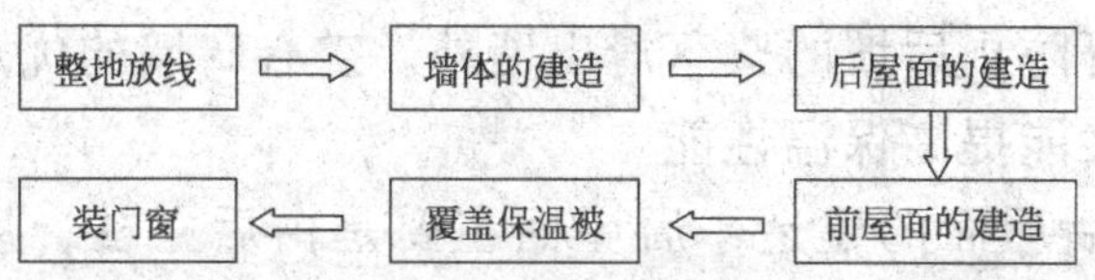

① 整地放线：施工之前应先把场地整好，如果土壤过干，要进行浇水，使筑墙用的土壤湿度合适。土地准备好后，就进行放线定位：按规划好的方位将线绳拉紧，用石灰粉沿着线绳方向先划出日光温室的长度，再确定日光温室的宽度，注意划线时，日光温室的长与宽之间要成90℃的夹角，可用“勾股定理”中的勾3、股4、弦5来检验。

② 墙体的建造：墙体建造主要有两种类型，一种是土墙，另一种是空心砖墙。如果在山区，石料取材容易的也可做成石墙。

进行土墙建造时先处理地基，用原土夯实即可，不过最好用砖、石地基，如果地基处理不当，将会造成墙体倾斜、下陷甚至倒塌。地基处理好后开始筑墙，筑墙步骤是：先打后墙、再打山墙，打成一垛、再打一垛。这个过程需注意二点：一是墙体上下要平直不可凸凹不平，垛与垛之间要衔接严密不可有缝隙，否则影响保温效果；二是筑墙取土是要注意，取土位置距离墙体至少50cm，否则影响墙基，造成墙体下陷。

进行空心砖墙建造时要先开沟砌墙基，挖宽约为100cm的墙基，墙基深度应距原地面45cm左右，然后填入10～15cm厚的掺有石灰的二合土，并夯实。当墙基砌到地面以上时，需在墙基上面铺上厚约0.1mm的塑料薄膜，以免土壤水分沿着墙体上返。当空心距离在12cm以上时，一般会填充煤渣来隔热保温。注意空心砖墙砌到规定高度后，外墙再多砌40cm左右，这样不仅有利于后墙与后坡更好地衔接，还可防止后坡的柴草滑出墙外。空心砖墙的优点是即节省材料又能提高保温性能。

③ 后屋面的建造：后屋面主要是由后立柱、后横梁和

檩条构成的。后立柱的作用主要是支撑后屋顶，保障后屋面坚固。后横梁是置于后立柱顶端，呈东西延伸的。檩条的一端压在后横梁上，另一端压在后墙上，其作用主要是将后立柱、后横梁紧密地固定在一起。

④ 前屋面的建造：前屋面主要是由支柱、拉杆和拱杆构成的。建造步骤是先按设计好的距离立支柱，再在支柱上架设拉杆，最后绑拱杆。注意在绑拱杆时要先绑每个立柱上的，再绑两道加强拱杆之间的小拱杆。

⑤ 覆盖保温被：目前，温室的外覆盖物一般都用保温被来代替薄膜和草苫。保温被是由3～5层不同材料组成的，由内层向外层依次为防水布、无纺布、棉毯（或其他隔热材料）、镀铝转光膜等。它的优点是保温性能良好，重量轻，可防水，可阻隔远红外线辐射，寿命长，自动卷帘方便，劳动效率高；缺点是首次投入比较高，但总的算下来和传统的覆盖物支出几乎持平。

⑥ 装门窗：在温室的入口处安装活动门。土木结构的温室通风窗一般设在后屋面上，每隔6m设一个80cm×60cm的通风窗；砖钢架结构的温室通风窗一般设在后墙上，每隔3m设一个60cm×70cm的通风窗。

3. 避雨棚

避雨棚是指以避雨为目的，在支架顶部构建防雨棚，其上覆盖薄膜遮断雨水。避雨棚的类型可分为大棚和小棚两种；避雨架式可分为篱架、双十字“V”形架、“Y”形架等。

（1）大棚和小棚

避雨栽培的主要形式大棚，通常会采用市售定型的镀锌钢管装配式大棚。在棚的肩部以上覆膜，呈弧形覆盖。其优点是遮雨面积大，比较安全；缺点是一次性投资较高。为节省投资，不少地区利用竹木等当地资源建造竹木结构的避雨大棚。目前，在上海及浙江城市郊区等地多采用镀锌钢管装配式大棚。

小棚是在支架上搭建小拱形防雨棚。其优点是投资更省，简单易行，深受各地欢迎。在江南农村，小棚是最常见的避雨形式，当地果农可就地取材用竹木搭建，在支柱上设毛竹横梁，再将弯成拱形的竹片与横梁相连，即构成防雨棚框。

(2) 篱架、双十字“V”形架和“Y”形架

篱架栽培一般采用一行一个棚的结构，行距1.5～2.5m，行间通风带30～50cm，棚宽1.2～2.2m。

双十字“V”形架式所需材料：立柱、横梁和铁丝。每根立柱之间间隔约4m，行距2.2～3.8m，柱顶距地面约2m，在每根立柱上距地面1.1～1.8m范围内分别绑扎2～3根横梁，横梁长度在0.6～1.0m之间由下向上逐渐变长，在立柱上距地面0.8～1.4m范围内分别绑扎3～4层铁丝，每层铁丝要绕过柱子，形成一左一右2道铁丝。这种架式的特点是具有明显的通风带、光照带和结果带。

“Y”形架是双十字“V”形架的一种改良，所需材料：立柱、横梁和铁丝。每根立柱之间间隔4.0～5.0m，行距2.5～3.0m，柱顶距地面约2.0～2.5m，在每根立柱上距地面约1.5m处柱的两边各拉一道铁丝，再在其上约20cm处绑扎一根横梁，横梁长度1.4～1.6m。

避雨棚的作用主要是避免或减轻气象灾害、减少病害、降低农药污染、提高坐果率、防止裂果等。单纯避雨栽培条件下，作物物候期与露地栽培基本一致，不需进行温度调控等操作，其他管理与促成栽培基本相同。

目前，避雨棚多用于葡萄的设施栽培。实践表明，避雨

栽培不能提早成熟。因此，采用早中熟品种的市场意义不大，应选择晚熟的欧亚品种进行避雨栽培，如圣诞玫瑰、红地球、黑大粒、意大利和黑玫瑰等。在避雨条件下这些品种可延后采收，迟至国庆节上市，从而达到调节市场、增加效益的作用。

4. 遮阳网

遮阳网是以聚乙烯、高密度聚乙烯、聚乙丙、聚烯烃树脂等为原料，经紫外线稳定剂及防氧化处理而成的一种重量轻、强度高、耐老化的网状新型农用塑料覆盖材料。其具有抗拉力强、耐老化、耐腐蚀、耐辐射、轻便等特点。一年中可多次利用，每次用完应晾干后再收起保管。

（1）类型　遮阳网的类型，根据颜色不同可分为黑色、白色、银灰色、绿色、蓝色、黄色、杂色等，常用颜色为黑色；根据遮光率不同可分为35%～50%、50%～65%、65%～80%、80%以上，常用的是35%～65%的黑网和65%的银灰色网；根据宽度不同可分为90、150、160、200、220cm等多种。

（2）覆盖方式　遮阳网的覆盖方式主要有水平浮面覆盖法、棚架外覆盖法、各生长阶段覆盖法。一般是晴天盖，阴天揭；早晨盖，傍晚揭；生长前期盖，后期揭。

① 水平浮面覆盖法：即将遮阳网直接覆盖在地面或植株上。覆盖后要用压网线固定牢，防止大风刮落遮阳网。

② 棚架外覆盖法：即将遮阳网覆盖在薄膜小拱棚、平棚或大棚的支架上。棚架外覆盖前先将遮阳网按棚线把两幅边缘缝合在一起，然后覆盖在棚架上，覆盖时注意要盖上不盖下，棚架边缘要留1m左右不盖，盖完后用压网线固定牢。

③ 各生长阶段覆盖法：主要是在播种后、定植后、高

温期覆盖。播种后覆盖的主要目的是保持土壤的湿度，防止暴雨后土壤板结；定植后覆盖主要目的是为了提保证植株的成活；高温期覆盖主要是为了减少水分蒸发，降低网内温度，防止植株被烈日灼伤。

(3) 作用　当前遮阳网主要应用在夏季，尤其是南方推广面积较大。遮阳网的作用主要是夏季覆盖后起到遮光、防雨、防雹、保湿、降温的作用；冬春季覆盖后还有一定的保温、增湿作用；减轻了病虫害的传播，尤其是对阻止虫害迁移起到很好的作用。

5. 防虫网

防虫网是一种采用添加防老化、抗紫外线等化学助剂的聚乙烯为主要原料，经拉丝制造而成的网状织物。防虫网具有拉力强度大、抗热、耐水、耐腐蚀、耐老化、无毒无味、废弃物易处理、收藏轻便等特点。一般正常保管，使用年限在3～5年。

(1) 类型　防虫网的类型，根据颜色不同可分为白色、黑色、银灰色、绿色、杂色等，常用颜色为白色；根据网目数不同可分为20、22、24、30、32、40、50目等，一般以20、22、24目为常用；根据丝径不同可在0.14～0.28mm之间选择；根据幅宽不同可在100～360cm之间选择。防虫网的颜色、网目数、丝径、幅宽规格多种多样，种植户在选购时需结合自身情况具体分析，选择最适合的一种。

(2) 覆盖方式　防虫网的覆盖方式主要有全网覆盖法、网膜结合覆盖法及建造网室。

第一种全网覆盖法，是指在夏、秋季节揭去原有大棚上所有薄膜后，全部覆盖防虫网。其缺点是减少了薄膜的使用寿命，增加了生产成本。

第二种网膜结合覆盖法，是指大棚顶部覆盖薄膜，四周覆盖防虫网。其优点是避免雨水对土壤的冲刷，进而保护了土壤结构和降低了土壤湿度；缺点是天气晴热时容易引起棚内高温。

第三种建造网室，主要用于蔬菜的无公害栽培，多采用钢筋、水泥、木桩、钢丝缆绳的平棚结构，面积一般都在 $1000m^2$ 以上，高度在 2.5m 以上，造价每 $667m^2$ 在 6000～30000 元不等。

(3) 作用　防虫网的作用主要有防虫、防病，遮阳、遮强光，防暴雨、强风、冰雹等。

① 防虫、防病：防虫网能有效地控制各类害虫的传播以及预防病毒的传播。防虫网反射、折射的光对害虫还有一定的驱避作用。这样作物生产可实现不打药或少打药，节省农药，减少农药污染，提高品质。

② 遮阳、遮强光：夏季光照强度大，防虫网可起到一定的遮光和防强光直射的作用。

③ 防暴雨、强风、冰雹：防虫网遇暴雨时可将雨滴变小，减少网内的降水量；遇强风、冰雹时可阻隔强风、冰雹直接吹打作物；晴天能降低网内的蒸发量。进而起到调节网内气温、土温和湿度的作用。

三、生产资料购置

生产资料又称生产手段，是指劳动者在进行生产时所需要使用的资源或工具。一般包括土地、厂房、机器设备、工具、原料等，具体内容包括小农具、半机械化农具、机械化农具、化学肥料、农药、农机用油、其他商品等十个大类 49 种主要商品。生产资料的购置一般可分为以下 5 个环节：

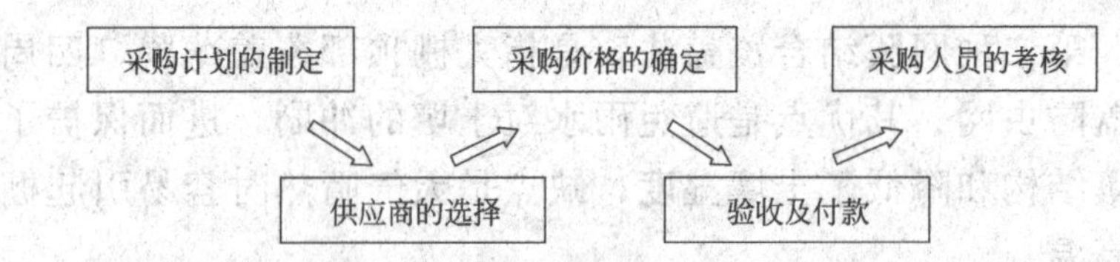

每个环节在整个过程中都起到不可忽视的作用，只有每个环节都密切配合好，才能有效地完成整个购置工作。

1. 采购计划的制定

在采购计划制定这个环节中，企业一般都分3个步骤：

首先，生产部门会根据生产计划来编制用料计划表，然后报送给物资部门。

其次，物资部门对用料计划表进行审查，审查内容包括，是否超越范围，是否有超限额的品种和数量，然后根据库存情况来审定最终的采购品种和数量，再编制正式的采购计划报送给采购部门。

最后，采购部门会根据批准的采购计划拟定询价厂家，然后报主管领导审批。

2. 供应商的选择

在选择供应商时，企业除了要坚持“三个优先”原则，即原生产厂家优先原则；没有原生产厂家的代理商优先原则；质量保证下的优先原则。还要贯彻“广、多、宽”三大方针，即招标公示的范围要尽可能地广；邀请的招标对象要尽可能地多；询价采购的范围要尽可能地宽。

3. 采购价格的确定

确定采购价格是生产资料购置中最重要的环节，它直接影响到企业的成本。在这个环节中，一定要充分调查产品的市场价格，同时弱化采购人员和领导的个人行为。在市场调查的基础上，要积极与各投标单位进行竞争性谈判，利用各投标单位急于中标的心理，在保证投标单位合理利润的前提下，争取使价格降到认可的范围。

4. 验收及付款

验收人员一定要由独立于计划、采购和财务部门的人员来承担，验收的主要对象是货物的数量和质量。在验收过程中，如发现品种、规格不符，件数、重量不对，包装破损、污染以及其他问题时，应详细作出书面验收记录，并由收货人员和承运单位的有关人员共同签字，再通知采购部门与供应商沟通解决。一般企业会设立采购员、保管员、验收员、核算员，他们之间是互相制约的关系，到货时一定要共同参与，才能及时解决突发问题，以确保此环节工作能够高效完成。验收合格后，财务部门会根据审定后的发票、运输单、验收单、以及其他有关凭证与合同规定的付款条件和发货情况进行一一核对，核对无误，并经企业授权人审批后，按合同规定的付款计划支付货款。

5. 采购人员的考核

对于采购人员的考核，主要是在日常工作中，不仅要考核采购人员的专业能力，更要考核他们的职业道德。企业可进行定期考核，采用季度考核制或半年考核制，考核可由人力资源部、采购部、财务部等共同参与。因为在整个采购过程中采购人员与供应商之间的人为欺诈，在很大程度上是取决于采购人员的职业道德，诚信敬业精神和行业操守的。

第二节　设施果树效益核算（以葡萄为例）

一、成本核算

设施葡萄栽培的成本主要包括三个部分，即产前、产中和产后成本。产前成本是指设施葡萄园建造过程中所产生的一切费用；产中成本是指葡萄园地生产管理过程中所产生的一切费用；产后成本是从采果开始的分级、包装、运输、贮藏、销售等过程中所产生的一切费用。

1. 产前成本

种苗费：不同品种不同年数的葡萄苗差异较大，1 年苗每株 2～5 元；2 年苗每株 7～10 元；3 年苗每株 15～25 元。一般种植者都会选择 1 年苗购买，每亩 200 株左右，那么，每 667m^2 种苗费就是：400～1000 元。

2. 产中成本

（1）人工费　主要包括长期工和临时工，葡萄园里长期工一般是每位工人管理 5300m^2 左右，每位工人每月 1200 元，平均每 667m^2 葡萄园每年长期工的费用在 1800 元左右；工作量密集时一般会雇佣临时工，临时工一般每 667m^2 葡萄园每年的费用在 500 元左右，即每 667m^2 葡萄园每年要支出的人工费在 2300 元左右。

（2）农药费　主要包括杀虫剂、除草剂和植物生长调节剂，每 667m^2 葡萄园每年要支出的农药费在 300 元左右。

（3）肥料费　主要包括有机肥料和无机肥料，每 667m^2 葡萄园每年要支出的肥料费在 800 元左右。

（4）套袋费　每个袋子在 0.15 元左右，每 667m^2 需 3000 个左右，即每 667m^2 葡萄园每年要支出的套袋费在 450 元左右。

每 667m^2 葡萄园每年产中成本合计：2300 元＋300 元＋800 元＋450 元＝3850 元。

3. 产后成本

（1）人工费　葡萄采收时工作量比较大，应根据具体情况雇佣临时工。此期间临时工的费用已估算在产中成本的人工费中。

(2) 销售广告费　企业可根据自身情况来选择不同的宣传模式。

每 $667m^2$ 葡萄园每年成本合计：(400～1000) 元＋3850 元＝4250～4850 元，因地区差异，各种选择不同而不同，此成本合计未包含土地租金、设施建造费、水电油费、果园设施维护费、固定资产折旧费、销售广告费及不可预见费。

二、收入核算

设施葡萄栽培一般都是以鲜果销售。销售渠道可分为批发和零售，但批发远大于零售。销售时的价格会因时期、品种、品质的不同而有所差异，一般批发价为 8～16 元/kg，每 $667m^2$ 葡萄产量（丰产期）应控制在 1500～2000kg，产量过高会影响葡萄品质，所以，每 $667m^2$ 葡萄每年的收入是：1.2～3.2 万元。此外，葡萄园地可套种经济作物或饲养家禽，来获得额外收益。

值得注意的是，设施葡萄园一般第一年是纯投入；第二年葡萄才开始结果，产生效益；第三年会进入丰产期，产生高额效益。

三、经济效益核算

设施葡萄每 $667m^2$ 年收入 1.2～3.2 万元，投入 4250～4850 元，所以，设施葡萄园每 $667m^2$ 年利润在 7150～27750 元。

以上分析数据仅为按目前市场物价水平所作出的一种估算，种植户可按本地区的实际物价水平作重新修改和预算，从而得到与本地区实情较吻合的数据。

第三节 设施果树营销

一、市场分析

市场分析是企业市场营销活动中的一个环节，是指企业把有共同需要的消费群体以及这些群体所需要的相关产品划分出来，从而使企业能够对不同的消费群体进行不同的营销活动，以保证企业的各种营销策略均能成功地实施。市场分析可从两个方面来进行，一方面从目标消费者来考虑；另一方面从产品本身来考虑。

1. 目标消费者

要想市场营销取得成功，就要从了解和认识目标消费者的需要开始，然后通过各种营销途径和手段来满足目标消费者的需要。消费者是否愿意购买以及愿意购买怎样的产品，在很大程度上取决于消费者的消费心理和消费行为。针对水果销售来说，不同身份的消费者在选择水果时有着不同的选择意向和选择标准。

(1) 普通家庭　普通家庭里负责采购的一般都是中老年妇女，在购买水果时她们一般受两大因素影响：一是，在决定购买水果种类时，会受自己或家人的喜好影响，比如，自己和家人都只喜欢吃西瓜，那就几乎每次都会买西瓜；如果自己喜欢吃西瓜，家人喜欢吃葡萄，那么就会西瓜、葡萄一起买，且这种影响会成为一种条件反射，一种习惯。二是，同一种水果在决定购买品种时，会受价格影响，同一种水果会购买价格比较适中或偏低的，在价格适中或偏低的一批中会选择比较新鲜的。当然，如果有促销活动的水果她们会优先考虑。设施水果一般价格比时令水果要高出许多，她们一般不会考虑。

（2）收入稳定或较高的家庭　像公务员、教师、医生、科研院所单位的员工收入都不低且很稳定，他们都有很高的知识水平，比较注重合理饮食，既要吃得营养又要吃得健康。这类消费者通常会选择新鲜，营养价值高的水果。另外，他们还会注意根据自身及家人的身体状况来选择水果，比如：胃寒者、糖尿病患者和孕妇不宜吃西瓜，心脏病、肾病患者和孕妇不宜食用榴莲，哮喘、急性肾炎、慢性肾炎病患者应忌食芒果等。

（3）高收入家庭　高收入家庭的水果采购一般都是雇佣人员来进行，他们会有两大趋势：第一，根据雇主喜好，会选择较贵且新鲜的水果来购买；第二，根据自身的工作经验，为雇主搭配营养价值较高的新鲜水果，但也会选择价格不低的品种，因为价格直接体现果实品质。

（4）大学生　目前，高校周围的水果经销商也日益增多，主要消费者是高校学生。学生购买水果有很明显的特点：物美价廉。他们的心理想法很简单，水果既要好又不能贵，所以高校周围大部分的水果经销商都会本着薄利多销的原则来经营。因此，设施水果不太适合在高校周围的水果经销商的摊位上设点。

2. 产品

一种产品是否受到消费者的青睐，除了取决于消费者的消费心理和消费行为，还依赖于产品本身的质量、外观、价格等因素。依据质量、外观来分辨，产品可分为先验产品和后验产品。先验产品是指购买前或购买时就能凭感官对产品品质作出大致判断的产品，产品本身的内在质量或客观质量构成了评价和选择的基础。后验产品是指在购买时无法凭客观指标对产品质量作出判断的产品，消费者可能要更多地依据产品之外的一些其他线索对产品质量作出推断。就鲜食水果而言，它是属于先验产品，水果新鲜不新鲜，品质好不好，消费者从水果外观一下就能分辨出来。这就要求种植者一定要保证果实品质，要让消费者“买得放心，吃得开心”。

二、市场营销策略

市场营销策略是企业市场营销部门根据战略规划，在综合考虑外部市场机会及内部资源状况等因素的基础上，确定目标市场，选择相应的市场营销策略组合，并予以有效实施和控制的过程。市场营销策略可分为产品策略、价格策略、促销策略和渠道策略。设施果树的水果主要是以鲜食为主，企业要想鲜果年年销路广，就必须要综合运用这四大策略。

1. 产品策略

产品策略是营销的首要策略，是价格策略、促销策略和渠道策略的基础。产品策略是企业根据前期市场调研的结果，在总体经营战略的指导下，结合企业自身的具体条件，来确定在未来一段时间里，以什么样的产品或产品组合能够满足目标消费群体的需要以及推出该产品的过程。

在设施果树上，产品策略主要包括鲜果的分级策略和包装策略。

（1）分级策略　产品可分为有形产品和无形产品，一般可以看得见的产品是有形产品，水果是属于有形产品。消费者第一眼看到的就是水果的外在品质，水果的外在品质对消费者的购买意向起到非常重要的影响，水果的内在品质对消费者再次购买会起到决定性的作用。所以，在销售之前对鲜果的分级是很有必要的，分级一般是从外观品质来决定的。分级后可以使同一级别内的每个水果具有较高的整齐度，也可为不同的价格制定提供依据。

（2）包装策略　鲜果的包装十分重要，它不仅体现在运输和贮藏过程中对果实品质起到的保护作用，而且还能让消费者更加了解此类水果，进而改变消费者的购买决定。水果的包装可分为贮运包装和销售包装。针对设施果树水果上市时期的特点，可在销售包装上介绍更详细的信息或在摊位上插上提示牌，比如：该水果的营养价值，富含哪些人体必需的元素，每人每天大约吃多少克，有哪些保健功能等等，最后一定要标明水果的产地。让消费者感受到该企业出售的不仅仅是水果，还有健康。

2. 价格策略

价格制定是指给产品定价，主要考虑成本、市场、竞争等，企业根据这些情况来给产品进行定价。产品价格定得是否合适，直接关系到生产者、经营者和消费者三方面的利益。价格定高了，消费者不愿意买；价格定低了，企业效益受影响。销售的价格必须在种植者和消费者之间取得平衡。所以，给产品定价是企业营销中一个非常重要的策略。

价格制定主要有三种方法，即成本定价法、需求定价法和竞争定价法。

（1）成本定价法　依据产品的单位成本，再加上一定的利润比例来制定产品的价格，此方法的特点是比较简单。但在估计生产成本时，需要考虑到人力消耗，其中包括种植者自己。

（2）需求定价法　依据消费者对产品价值的认识程度和需求程度来制定产品的出厂价，此方法的特点是能很好地利用价格与需求量之间的微妙关系来增加销售量。

（3）竞争定价法　依据同行业竞争对手的同类产品的价格来制定产品的出厂价。此类方法首先要考虑竞争对手的销售策略，才能决定自身企业的策略，此方法的特点是能利用竞争者因素或消费者的心理因素来增加盈利。

目前，大多企业都会综合运用以上三种方法，制定出比较合理的价格。此外，给产品定价还应根据产品自身的一些特点，比如：在设施果树栽培中，促早栽培和延后栽培获得的果实，其最大的卖点就是它特殊的上市时期；避雨栽培和防鸟、防风等栽培获得的果实，其特点就是品质一定比普通栽培的要好。

3. 促销策略

促销是促进销售的简称。促销策略是指加工企业通过人员推销、广告、公共关系和营业推广等各种促销方式，向消费者或用户传递产品信息，引起他们的注意和兴趣，从而达到激发他们的购买欲望和购买行为的一种营销活动。

促销手段主要分为推式策略和拉式策略。这两种促销手段各有利弊，起着相互补充的作用。

（1）推式策略　推式策略又称直接策略，是指企业通过人员把产品推进目标市场，即生产商→批发商→零售商→消费者，层层做说服进货或购买工作。比如：甘肃省设施葡萄搞得比较好，像敦煌阳关镇、张掖市临泽县、兰州市永登县等每年都会邀请有关经销商来葡萄生产基地参观、考察、指导，让他们能够更多地了解本地的葡萄生产情况，能够更深地感受到挣钱的机会来了，从而达到促销的目的。

（2）拉式策略　拉式策略又称间接策略，主要包括两种。

一是，企业利用广告和营业推广策略向消费者介绍相关产品，使消费者更加了解产品，进而拉动消费。需要注意的是，应根据产品自身的特点来选择广告宣传的媒介，可选择报纸、杂志、广播、电视、网络、广告牌、车辆广告、邮寄广告等其中的一种或多种。比如：辽宁省大连市庄河的设施草莓种植者采用网络营销来促销草莓，他们在网上具体介绍了种植园地的生产环境、种植规模、无公害生产管理以及草莓品种特点，并及时发布草莓产量等相关信息，从而开拓了各大都市的草莓市场。不过一般广告与营业推广在鲜果的促销中应用得较少，而在加工品促销中应用则较多。

二是，企业积极参与各种展销会、推介会、交易会、订货会、博览会等活动，让产品与更多的客户见面，从而扩大客源。就鲜食水果而言，每年各省市都会举办各种水果展销会、推介会，主要目的就是向全国乃至全世界展示自己的水果品质，进而吸引广大客商前来咨询、订购。比如：2012年2月18日在北京市举办的“第七届世界草莓大会”上亮相的‘昌平草莓’，它向全世界展示了自身的健康与甜美，这是一次非常成功的促销。

4. 渠道策略

渠道策略是指企业选用何种渠道使产品流通到顾客手中。渠道策略主要包括直接渠道和间接渠道。企业可以根据产品的不同特点来选用一种或两种结合的销售渠道。

（1）直接渠道　直接渠道是指不通过其他环节来建立生产者与消费者之间的联系，也就是说生产者将产品直接销售给消费者。目前，很多设施草莓、设施葡萄种植者都会采取让顾客自己采摘，不仅节省田间劳动力，还为家庭、公司出游提供了良好的场所，是一种很成功的直接销售渠道。

（2）间接渠道　间接渠道是通过中间商把生产者和消费者联系起来，根据销售中间环节的复杂性，间接渠道内的每件产品的购买活动都在两次或两次以上，并可能发生来自代理商或经纪人的辅助性销售活动。中间商主要包括批发商、零售商、代理商和经纪人。针对设施果树而言，鲜果的批发是主要的销售渠道，种植者会通过各种促销手段来向批发商传递产品信息，如：主动邀请批发商前来种植园地参观；通过网络、报纸等发布种植园地信息，吸引批发商前来考察；积极参加各种展销会、博览会等活动，让更多的人了解自身果品；成立合作社进行果实统一要求，统一收购，专车配货直接送往各大超市。此外，批发商最担心的是鲜果在运输和贮藏过程中发生质量受损问题，这就要求种植者不能只求产量、不保质量，一定要严把质量关。

主要参考文献

[1] 晁无疾．氰氨基化钙、赤霉素对设施内葡萄萌芽的影响．葡萄栽培与酿酒，1998，(04)：5～7.

[2] 樊巍，王志强，周可义．果树设施栽培原理，郑州：黄河水利出版社，2001.

[3] 房玉林，李华，宋建伟等．葡萄产期调节的研究进展．西北农业学报，2005，14 (03)：98～101.

[4] 巩文红，李志强，李汉友．南方适栽的鲜食葡萄优新品种介绍．中国南方果树，2005，34 (05)：49～51.

[5] 郭卫华，李天来．温室内二氧化碳浓度变化的影响因素及增施二氧化碳的生物效应．吉林农业大学学报，2004，26 (06)：628～631.

[6] 姜广兴，赵庆玉，金丽等．温室栽培大樱桃应注重调控 CO_2 气体浓度．北方果树，2008，(05)：63.

[7] 蒋常娇．论当前我国果树设施栽培生产的问题及应对策略．现代园艺，2012，(08)：32～33.

[8] 李丰国，江桂玉，林洪荣等．设施甜樱桃棚内环境调控技术要点．河北果树，2007，(04)：50～51.

[9] 马温 普利茨，大卫 韩德林．草莓生产技术指南．张运涛译．北京：中国农业出版社，2012.

[10] 聂国伟，戴桂林，杨晓华等．设施甜樱桃幼树促花修剪技术研究．山西果树，2011，(06)：8～9.

[11] 孙其宝，徐义流，俞飞飞等．葡萄优质高效避雨栽培技术研究．中国农学通报，2006，22 (11)：477～479.

[12] 石雪晖。葡萄优质丰产周年管理技术．北京：中国农业出版社，2002.

[13] 王海波，马宝军，王宝亮等．葡萄设施栽培的环境调控标准和调控技术．中外葡萄与葡萄酒，2009，(05)：35～9.

[14] 王玉宝，侯文芳．大棚甜樱桃裂果的原因及预防措施．北方果树，2011，(03)：43～44.

[15] 王志强．桃精细管理十二个月．北京：中国农业出版社，2011.3.

[16] 吴江，陈俊伟．南方欧亚种葡萄无公害生产的制约因子对策与建议．中外葡萄与葡萄酒，2002，(06)：31～33.

[17] 张才喜，史益敏，李向东．南方葡萄设施栽培的现状与趋势．上海农学院学报，1998，16 (01)：54～58.

[18] 张淑贤．日光温室大樱桃稳产高产技术，河北果树，2008，(06)：19～20.

[19] 赵德英，刘国成，吕德国等．日光温室条件下甜樱桃授粉受精期间环境因子对花粉行为的影响．果树学报，2008，25 (04)：506～509.

[20] 赵密珍，钱亚明，王静．草莓优质品种及配套栽培技术．北京：中国农业出版社，2010.